新时代高质量发展绿色城乡建设技术丛书

GREEN ARCHITECTURE
DESIGN GUIDELINES

CHINA CONSTRUCTION
TECHNOLOGY CONSULTING

绿色建筑
设计导则

建筑专业

中国建设科技集团　编著

崔　愷　刘　恒　主编

中国建筑工业出版社

新时代高质量发展绿色城乡建设技术丛书

中国建设科技集团 编著

丛书编委会

修 龙｜文 兵｜孙 英｜吕书正｜于 凯｜汤 宏

徐文龙｜孙铁石｜樊金龙｜宋 源｜赵 旭｜熊衍仁

指导委员会

傅熹年｜李猷嘉｜崔 愷｜吴学敏｜李娥飞｜

赵冠谦｜任庆英｜郁银泉｜李兴钢｜范 重｜张瑞龙

工作委员会

李 宏｜陈志萍｜许佳慧｜杨 超｜韩 瑞

《绿色建筑设计导则 建筑专业》
中国建设科技集团 编著

主 编	崔 愷 刘 恒
副主编	肖 蓝 单立欣 林 琳 徐 风 贺 静
指导专家	李兴钢 汪 恒 刘东卫 樊 绯
参编人员	张 欣 倪 斗 陈志萍 赵 希 王士杰 黄雅如 伍止超 韩慧君 宋修教 张月珍 胡若谷 曾明理 陈丽爽 黄剑钊 魏 辰 李天阳 徐 征 张 一 张 晖 严 军 张 怡 张 蔚 张 磊 崔世俊 张庆国 伊文婷 盛 璨 赵 悦 张广源 张音玄 傅晓铭 周 凯 任 浩

序

建筑设计是需要导引的。

以前我们习惯的是上位规划条件的导引。容积率、密度、绿地率、限高等一系列条件引导着设计，不满足这些规划条件就通不过。除此之外，我们还必须服从业主的任务书导引，多大的规模，什么样的功能，市场的卖点，造价的限制，还有业主内心的意愿，不满足就做不成，甚至有被换掉的风险。另外我们还常常碰到政府领导的政绩要求和欣赏趣味的导引，虽然不写在纸上，也似乎不是硬性规定，但还必须认真对待，把准了脉才能顺利过关，否则就碰壁，其他指标条件都满足也没用。可见设计的艰难，也说明认清条件、顺从导引的必要。建筑师们都明白。

这本书是个导则，是要引导建筑师以绿色设计的理念和方法做设计的。从规划布局到单体建筑，从造型到界面处理，从空间节能到技术节能，从设计到实施和运维，每个步骤，每个环节都指明路径，给出方向，讲明道理，提供工具，还有参考案例和学理知识可以学习和借鉴。按此导引一步步推进，应该走不偏，结果肯定绿。即便对绿建知识不甚了解，只要照着做，就像有个老师在旁边陪着，时时指点，苦口婆心，推也会把你推到绿色的路上去。

虽然和前面的规划、任务这些硬条件比，这个绿建导则详细得多，和领导的意图比，它也明确得多。但最大的不同是它并不是强制的，不遵守也大约不会影响审批通过。而反过来说，你即便按此导则认真做，如果不能满足那三套硬条件，也还是通不过。所以这个导则应该是附加在那些硬指标、硬杠杠之后的。当然如果在这部导则的导引下方案的确有特色，有亮点，或许也能得到规划的支持、领导的赞许，也可能为业主创造更高的附加值，在同等条件之上提升了方案的竞争力和通过率，这当然就几全齐美了。但是这种事儿并不多见。

我在这儿如此功利地把这个导则的老底儿亮出来好像有点儿让人泄气，集团领导和那么多专家（包括本人）辛辛苦苦搞出来的导则似乎可有可无，可做可不做，好像不过是锦上添花的一种装饰。但是如果我们的建筑师真这么想就太LOW，太消极了！君不知当今绿色发展不仅是全世界的共识，更是我们国家的战略决策；君不知绿色健康是人民获得幸福感的最重要的要素；君不知绿色创新不仅是学术论坛上讲的大道理，更是许多专家评委在评审竞赛时的重要标尺；君不知绿色设计在职业教育、资质考试、工程评优的行业体系中层层推进，已成为基本的学术语境。如果说你的设计满足了那几套硬条件的导则终于过关是一种被动的、解脱的状态的话，那么主动地学习和践行这个导则就显然呈现出积极的正能量。如果你将绿色设计导则中的理念、方法、技术烂熟于心，化成每一次创作的自觉行动时，你的个人觉悟就与这个时代的脉搏接通了，你的作品的价值就会可持续地、长久地保持下去，因为绿色的建筑是有生命的建筑，它的意义在于让身在其中的人们的生活充满阳光、映满绿色。

虽然绿色建筑设计的首要责任是建筑师，但显然只有建筑师的努力是远远不够的，需要各专业的共识合作。比如结构的轻量化和耐久性，还有基础工程的处理措施都与节材、长寿命以及自然场地环境的保护是分不开的。比如机电专业选用适宜的设备系统和控制技术也是节能的关键所在，事实上以往绿建设计中设备工程师就是主力军，只不过在建筑师的铺张设计中，那些努力显然很难实现应有效果。还要嘱咐室内设计师几句，因为你的美化空间环境的手段就是以装饰为主，装饰得越华丽，与绿色节俭的理念差距就越远，所以如何下手轻一点，引导一种朴素、真实又优雅的空间氛围是努力的方向。景观设计似乎是职业性的绿色环境的营造者，但如果认识有偏差，也会走向浮夸的应景式的设计，造成水土不服、耗水费钱、难以维护的结果。因此，导则中都有相应的技术要点指明设计的方向，各个专业通力合作才能成就真正的、全面的绿色建筑的解决方案。

这本引导绿色设计的导则像一棵小树，也是需要生长和养育的。每一位读者的每一次学习和践行就像是对它的一次浇灌，每一条建议和补充就像是一次施肥。在大家的共同培育下，这部导则将会不断完善和成熟，在推动绿色建筑发展中发挥它应有的作用。想象未来所有的人都能享受绿色生活，当所有的建筑都成为绿色生态友好型的空间和场所，当人类和自然共建的生态达到了最终的平衡和可续发展，也就不需要这部导则的导引了，也就没有所谓的绿色建筑了，因为已经都绿了。但是，当下我们还有很远的路要走……

向所有为推动绿色建筑发展而辛勤付出的人们致敬！

崔愷

2020年11月11日

前言

　　无论是国家的建设方针还是发展观念，绿色都是这个时代的主旋律。现在很多人在谈绿色，在做绿色，无论是设计师、科研者、产品商……我们也看到了国际、国内的标准日益更新，科研的成果不断突破。然而，因为绿色所涉及的内容是多维度、多要素的，其间充满着复杂的交叉，使得在设计过程中，绿色策略往往被片段化，应用起来很容易顾此失彼；甚至在很多时候绿色建筑脱离了建筑设计的主体过程，变成了另外一件叠加的工作，其效果自然大打折扣。我们需要更系统的解决方案，这既不是概念层面的宣讲，也不是个别技术的更叠，而是能引导设计师在创作伊始就走上一条绿色化的道路，为我们的生存环境去做有节制的设计。

　　当下，绿色建筑的设计最需要建筑师的广泛参与，去系统地整合各专业、各专项，把绿色策略与技术融入到创作的全过程中。因为建筑师的创作过程也是系统性解决问题的过程，只有将这些绿色的要素有机融合，因时因地，与气候适应，与地域相生，才能使其成为一个不可分割的整体。这与研究型的焦点性突破有所不同，思路也不尽相同，而这恰恰是设计导则应该去完成的使命。

　　曾经在编写之初，一直想不好如何能以一个系统来整合这么多绿色的内容，不同维度的切分都有大量的交叉，真正有效的应用也容易成了空话，我想这也正是大多数建筑师不知道如何下手的根源。在崔愷院士的指导下，终于有一刻想通了，既然是设计导则，就应该是在做一个完整的设计，沿着设计的推演过程逐渐形成了一套可操作的框架系统，建构出内在的骨骼，随后再用具体的方法和案例论证完善起来，逐渐形成了丰满的肌体。我相信这种思路一定对建筑师的绿色之路会有很大的帮助，这恰好就是绿色设计的正向逻辑，也是书中提出来的"方法检索+多元评估"的正向设计体系。

　　为了让读者更好地进入，导则还在最前面给出了使用说明和图示，在内容里配置了大量的实际工程案例并进行提炼，附录里也提供必要的数据和工具的应用，还对不同维度的优劣评估提供了参考的样板，便于自我检测。

　　当然，绿色建筑是全生命周期的考量，建筑就像生命一样在感知环境、呼吸空气、享受阳光，从出生、生长到成年衰老，与使用者一起相依相伴。建筑师的设计也应走向全周期、全过程的把控，在绿色设计中能同样关注策划、引领建造、预控运维；在审视空间的同时也能感知时间的存在，我相信这一定是绿色建筑未来的方向。这一点导则中没有单独分篇章，而将其融合在设计过程的主要章节里，望大家加以重视。

希望这本书能具有一些突破性，不是因为它创造了多少与众不同的手段，而是能帮大家找到绿色建筑设计的系统脉络，突破目前各种手段的混杂与分离。

　　希望这本书对建筑师是有帮助的，既有绿色理念的搭建，也能实实在在地深入到每一个设计环节，大家还可以从众多项目经验的提炼中得到启发。

　　也希望这本书真正能解决正向绿色设计的难点，因为读书的过程就是设计延展的时序；从宏观到微观，从总体策略到技术细节，从方案创作到技术的深化逐渐展开。

　　还希望这本书是一个可生长的检索工具，它不是一下统计完所有的方法，而是能在大框架下，结合不同项目创新补充，因地制宜，因人而异，逐步完善；使用者都可以写上自己的新策略新方法，为我们共同的绿色新征程带来更多的经验与感悟。

刘恒

2020年12月12日

导则使用指南
Guideline Instructions

1 《绿色建筑设计导则》是从理念价值观入手到具体的方法策略的应用体系，它既是绿色理念的重新整合梳理，也是绿色策略与方法的集成手册。在具体的建筑设计中，不同专业设计师在总体方向和设计系统的指引下，需根据不同前置条件选择不同的方法加以组合。

2 对于绿色建筑设计的深入理解请先阅读 [T1-T3] 部分，便于系统化地认知绿色建筑设计的价值观体系与设计的出发点，对绿色建筑设计的核心有总体的认识。其中 T1 是阐明新时代高质量绿色建筑设计的三方面核心价值要点，T2 是解析五大设计原则（五化）的概念与基本内涵，T3 则是介绍正向绿色建筑设计需要具备的重要思维方式。

3 为对整个绿色设计的过程与流程进一步明晰，可查阅 [P] 部分，了解正向绿色设计的体系搭建、方法主线、过程多元评估的概念，把握设计过程中的主要时序和重要节点。

4 [A, S, W, H, E, L, I] 几个部分分别针对的是不同专业设计师选用的方法策略，既可以作为设计思路的展开框架，也可以作为方法的数据库资源进行查询。这部分内容按照设计要素进行排列，并按设计的正向时序从宏观到微观逐渐展开，每一要素的方法策略按时间阶段在条款后标明，可在不同阶段反复查询。各专业的相同方面都会各自展开，但会在不同角度进行描述。导则是可生长的检索体系，这里的方法策略并不包含所有可能性，设计师可根据自身需要不断补充。建筑专业需整合各专业团队，统筹前期各专业研究内容，作为设计创作的重要依据。

5 附录部分集成了可独立的内容体系，此部分请设计师务必重视。不同气候区的信息是绿色设计的起点，工具应用是定性验证的重要手段，而实际项目的示范和评估权重可更好地指导设计师在设计工作中明确方向、找到目标。

6 设计导则是设计师实践的指导手册，这里体现实践应用型的理论架构。对各个方法点，导则不引用科研阶段不完善的类型方法，也不做科普和深入的展开，如需深入了解请各自再查阅相关资料。

A

7 A [Architecture] 部分是建筑专业部分，包括本专业不同阶段绿色建筑设计的方法策略。建筑师需根据不同的前置条件，在总体逻辑下选取最适宜的方法加以组合。建筑专业作为牵头专业，建筑师也起到对其他各专业与系统的整合作用，与各专业协商共同确认相关设计内容。

A1 场地研究是针对场地内外前置条件的研究，也是从根源上找到绿色解决方案和设计创新的重要前提，务必请设计师加以重视。

A2 总体布局是在宏观策略指导下的规划方式，也是最大化节约资源的重要方面，绿色方法的贡献率往往远大于一般的局部策略。

A3 形态生成是需要重新审视建筑对形式的定义，以环境和自然为出发点实现形态的有机生成，避免简单的形式化与装饰化。

A4 空间节能也是绿色节能具有突破意义的理念内容，重新梳理用能标准、用能时间与用能空间，以空间作为能耗的基本来源进行调控，这是绿色节能决定性的因素。

A5 功能行为以人的绿色行为为切入点创造人性化的自然场所，既有绿色健康与长寿化使用等新理念的扩展，也包含了室内环境的物理要素的测量和人性设施的布置等技术要素。

A6 围护界面是绿色科技主要的体现，是设计深入过程的重要内容，也是优质绿色产品出现和技术进步的直接反映，与建筑的品质和性能直接相关。

A7 构造材料为绿色设计提供了多样的可能性，既需要总量与原则性的控制，也有细部节点的设计，围绕减少环境负担和材料可再生利用来展开。

S

8 S [Structure] 部分是结构专业部分，包括工程选址、材料选择、结构寿命和结构选型方面的绿色设计策略及方法。设计师可以根据不同的设计条件因地制宜，予以选择。

S1 工程选址包括地震带区域选址和地质危险区域选址，应予以高度重视。

S2 材料选择基于优选角度提出降低碳排放的措施。

S3 结构寿命从设计标准方面对全生命周期碳排放的影响提出建议。

S4 结构选型给出了不同的设计条件下如何因地制宜进行结构体系选择、布置的策略。

W

9 W [Water] 部分是给水排水专业部分，包括本专业不同阶段绿色设计的方法策略，主要从能源高效合理利用、建筑节水、非传统水源利用、建筑环境和空间的集约利用方面对绿色建筑给水排水设计提出要求。

注：S ~ I 部分见本套丛书《绿色建筑设计导则　结构 / 机电 / 景观专业》一书。

W1 能源利用是针对不同条件下的热水系统能源选择，解决了如何高效、合理利用能源的问题。

W2 节水系统构建是建筑节水系统的重要内容，主要是解决建筑供水系统如何在满足使用的前提下，尽量做到减少水资源浪费，节约用水。

W3 节水设备和器具是所有用水点节水控制的关键点，对于建筑节水具有重大意义。

W4 非传统水源利用是建筑节水"开源节流"的重要措施，也是提高水资源综合利用率的重要手段。

W5 室内环境与空间从室内噪声控制、异味控制和建筑空间集约利用方面提出针对建筑给水排水的设计策略，以满足建筑室内环境与空间的健康舒适和宜居的目标。

H

10 H [HVAC] 部分是暖通专业设计，秉持节能性和舒适性相结合、能源利用和环境保护相结合的原则，依照标准规范、科研文献和工程经验总结，从人工环境、系统设施、能源利用、气流组织、设备用房、控制策略几个方面对绿色建筑暖通技术进行阐述。

H1 人工环境中，室内温度、湿度及空气质量标准是构建绿色建筑、健康建筑不可或缺的组成部分，也是系统设置的先决条件。此部分对不同功能空间室内环境标准给出了参数优先级建议，并提供了多种室内空气质量控制手段。

H2 系统设施包括暖通系统的冷热源、输配系统及末端设备，是构成建筑用能的重要组成部分，同时也是营造室内环境的最直接环节。本章节提供了优化输配系统、提升设备能效、采用能量回收技术等降低系统能耗的有效方式，保障室内环境。

H3 能源利用过程中，介绍了合理选择配置不同类型能源的方式，综合评价了区域或自建能源系统、可再生能源、蓄能系统、分布式能源等不同类型的适应性。

H4 气流组织合理，可以使室内工作区温湿度和洁净度更好地满足工艺要求与舒适性要求。本章节详细介绍了空调送风方式与气流组织形式间的关系。

H5 设备用房是服务于建筑功能必要的辅助空间，设计时应在保障使用功能合理的前提下降低对建筑造型和主要功能区域的影响。

H6 控制策略包括对能源系统、输配系统及末端设备的自动控制方式的选用，是保障项目稳定、节能运行的必要且行之有效的手段。

E

11 E [Electrical] 部分是电气专业部分，构建合理配电网络，充分利用清洁能源，集约利用建筑空间，注重自动化运维，节约能源、降低能耗，减少环境污染，营造舒适照明环境，是电气设计师需要重点关注考虑的设计要点。

E1 空间利用主要考虑电气主要机房的位置选择、面积控制、设备维护及对周边环境的影响因素，从建筑可持续性考虑，在满足使用功能的基础上实现总体指标最优化。

E2 能效控制是考虑在提高机电设备自身效率的前提下，重点关注系统的运行能效，控制能量损耗，净化电网质量，搭建合理的配电系统，了解能耗分布，做到安全高效用电。

E3 照明环境主要从光源、灯具的合理选择与优化照明布置控制方式来分析总结，创造舒适健康环境，形成节能环保的工作生活习惯。

E4 清洁能源主要对其适用性进行分析，根据地域基础设施发展水平与当地太阳能资源、风力资源状况，合理优化可再生能源的利用率。

E5 节能产品主要介绍新型材料和新型设备，将新型材料和新型设备与传统材料和传统设备进行分析对比，使设计人员了解绿色、环保、低碳的节能性产品的适用场合，从而有选择性地在项目中加以应用。

L

12 L [Landscape] 部分是景观专业部分，包括本专业不同阶段绿色设计的方法策略，景观设计师需根据不同的前置条件，在总体逻辑下选取最适宜的方法加以组合。

L1 景观布局是针对地域气候、场地现状等前置条件的研究，从尊重自然本身出发，寻找适应当地地域气候，并与自然和谐统一的景观布局方式。

L2 景观空间是从景观实际的空间功能出发，区别对待公共、私密等不同空间对丁人性化设计的不同要求，在满足功能的基础上，减少不利因素，提升户外环境舒适度。

L3 景观材料是从绿色低碳环保的角度出发，重新审视景观植物材料与景观硬质材料的选取原则，有利于景观建设的可持续性与节能降耗。

L4 景观技术是从具体可实践的绿色技术角度出发，探寻有效增加绿量的立体绿化技术与低影响开发的绿色海绵技术的运用方式与方法。

I

13 I [Intelligent] 部分是智能化专业部分，包含本专业不同系统板块绿色设计的方法内容，设计师需根据不同前置条件，在系统总体框架下选取最适宜的方法加以组合。同时，智能化专业与机电专业交叉联系，因此也需要对机电专业控制要求加以理解。

I1 优化控制策略是直接影响绿色建筑能源使用的一个重要环节，也是机电专业在绿色建筑节能应用中的集中控制与实现，对于控制要求的理解和策略显得尤为重要。

I2 提升管理效率主要考虑通过设置智能化集成平台，实现对建筑内各种信息整合、分析、决策及调度等功能，提升运维管理效率。

I3 节约材料使用主要针对绿色建筑各智能化子系统的中枢神经—信息设施系统进行优化，通过对网络、布线系统进行整体规划、统筹考虑，从而减少材料的使用。

I4 集约空间是尽量紧凑弱电机房竖井管线占用的空间。保障信息数据的运行环境可靠、稳定的前提下，合理布局、精心组合，节约空间。

附录

14 此部分是本书的附录，集成了重要的、可独立成篇的绿色内容，是展开绿色设计时的主要参考资料，务必加以重视。

附录 1 是绿色建筑设计的建筑专业的示范实例，介绍了集团优秀设计案例的绿色应用情况，可以反映出在实际工程项目中如何应用这些绿色设计方法，更好地指导大家应用。

附录 2 是国内各气候区可利用的资源的列举，以及传统建筑地域性的策略纲要。是根据地域情况选择绿色设计策略的基础，需要同步深入了解。

附录 3 是绿色设计的应用工具部分。包含能源综合利用模拟与 BIM 技术的管理与应用两部分内容。是对建筑室内外风、光、热、声、空气品质以及能源组成等各方面性能的数据验证，BIM 技术能够辅助绿色设计进行指标提取、节能计算、算量统计、模拟仿真等定量呈现。

附录 4 是五化平衡及绿色效果自评估准则，是对绿色设计的优劣权重进行评估核定，引导设计师明晰绿色效能的重要程度，最后以雷达图的方式形象地反映出设计的优劣。

附录 5 是全专业绿色方法条目的索引，可以帮助设计师更快地检索到需要的方法条目，并同时有效了解其他专业的内容，便于建筑师集约统筹。

设计指南图示

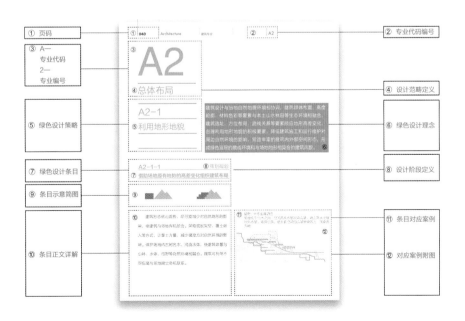

目录

Theory

T

T1 – T3

基本理论

Process

P

P 1 - P 2

体系与时序

Architecture

A

A 1 - A 7

建筑专业

Appendix

附录

项目 国家体育场鸟巢　　摄影 张广源

T

T 1 - T 3

基本理论

THEORY

绿色建筑设计
面对的问题

以回归自然、绿色生态的理念来看，我们还有许多大事应该办还没有办，甚至还没有意识去办。

比如我们是否应该在城市发展规划之前先有一个生态环境规划，目的是保护我们城市生存的生态安全底线不能突破，这个规划的级别应该大大高于城市规划，立法后，不容更改，不容侵犯！

比如人们的一系列用地规划和建设指标是否应该重新审视，以节约土地、提高效率、缩短距离、控制交通量，以及保持城市的宜人尺度和环境为目的，根本转变以发展经济、经营土地为目的的急功近利的消费主义规划倾向。

比如我们对城市的现有建筑资源应该充分利用，延长寿命，而不是仅仅保护那些文物建筑，应最大限度地减少建筑垃圾的排放，并为此大幅提高排放成本，鼓励循环利用，同时降低旧建筑结构升级加固的成本，让旧建筑的利用在经济上能平衡甚至合算或者有利可图。

比如是否应该重新回到合理的建筑成本控制，以全寿命周期来考量经济的合理性，尽早杜绝最低价中标的自欺欺人的愚蠢政策，以为子孙后代负责的态度看待今天的建筑价值。

比如是否应该从生产建材的起始端去严格控制污染源，而不是从末端告诉使用者本不该费心的防范技巧。

比如是否应该修订一些会造成浪费的施工验收规范，让土建和装修顺序衔接，而不是先拆后改，产生大量本可以避免的建筑垃圾。

比如对建筑立项严格审查规模和标准以及造价控制，并以此为依据选择实施方案，而不是相反，先定方案再压投资或者成为"钓鱼"工程，使建筑的质量难以保证，更会影响绿色新技术、新理念的实现。

比如应该重新审视我国建筑行业的体制，把责、权、利更合理地回到设计师手中，让内行真正地主导设计，控制质量，对建筑的可续性负起全责。

当今节能环保已经不是泛泛的口号，已经成为国家的战略、行业的准则。

但不得不说的是有不少人一谈节能就以为要依赖于新技术、新设备、新材料的堆砌和炫耀；而不少人一面拆旧建新，追求大而无当，装修奢华的新颖建筑，另一方面套用一点节能技术充充门面；还有不少人更乐于把它看成拉动经济产业发展的机会，而对生产所谓节能材料所耗费的能源以及对环境的负面影响不管不顾；也有不少人满足于对标、达标，机械地照搬条文规定，而对现实条件问题缺少更积极应对的态度。

我认为相比之下，更重要的是要树立建设节约型社会的核心价值观，以节俭为设计策略，以常识为设计基点，以适宜技术为设计手段去创作环境友好型的人居环境。

崔愷院士《我的绿色建筑观》专题讲座

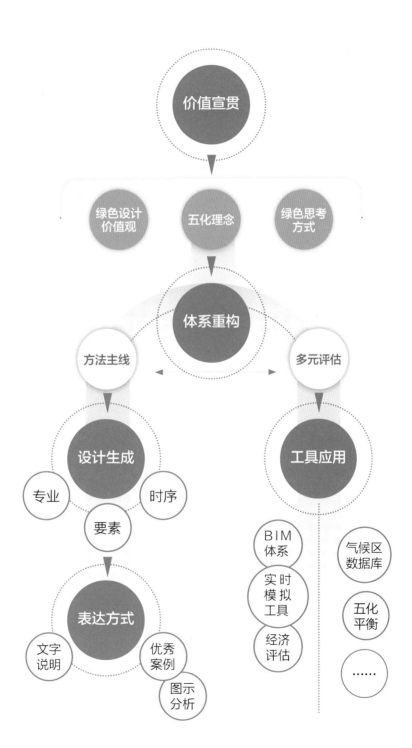

绿色建筑设计导则总体思路

T1

如何解读新时代高质量的绿色建筑设计？

新时代高质量的绿色建筑设计最重要的是对绿色价值观的准确理解，从而系统性地探究绿色建筑设计的本质，通过体系的搭建来规避技术和条目的拼凑，用整合式思考方式和设计的正向逻辑来构建绿色建筑的核心要素。

T1-1
遵从以绿色生态为设计的核心价值

建筑设计具有多元化的特性，其价值观体系的依托往往决定了设计发展的方向与结果。绿色建筑设计应该杜绝以纯粹的形式化、个性化等为出发点，而将绿色生态的价值观作为设计实现的核心与输入输出的依据，去创造理性的、地域的、与自然和谐的建筑表达。

T1-2
践行五大维度的设计原则（五化）

遵循以下五个不同维度上的设计原则，并以此为共识展开建筑设计，包括生态环境融入与本土设计（本土化）、绿色行为方式与人性使用（人性化）、绿色低碳循环与全生命期（低碳化）、建造方式革新与长寿利用（长寿化）、智慧体系搭建与科技应用（智慧化），其中：

本土化是设计展开的基础，要赋予建筑天然的绿色基因，体现地域气候和文化的特征；

人性化是设计总体的态度，更加注重真正从人的需要出发，创造健康、舒适、自然、和谐的室内外建筑环境，使人有更多的获得感；

智慧化是管理的有效手段，以信息技术为支撑，提升建筑功能和服务水平，为使用者的工作、生活提供便利；

长寿化是重要的发展方式，更加注重延长建筑寿命与可变的适应性，有效延长资源利用时间，提高资源利用率；

低碳化是最终建设的目标，要更加注重发挥全行业的集成创新作用，降低建筑全生命期的资源环境负荷。

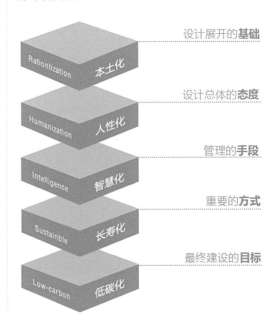

设计展开的**基础**
Rationlization　本土化

设计总体的**态度**
Humanization　人性化

管理的**手段**
Intelligence　智慧化

重要的**方式**
Sustainable　长寿化

最终建设的**目标**
Low-carbon　低碳化

T1-3

坚持从建筑设计本体出发、以正向设计逻辑展开整合设计，统筹多维度要素

绿色设计不是绿色技术拼凑的设计，也不是参考打分条目罗列出来的设计。绿色建筑设计依然是遵行建筑设计的深层逻辑，通过挖掘绿色基因展开设计，在设计深入的不同阶段不断融合绿色策略，通过整体平衡的方式选取最适宜的解答，建筑师应发挥其引领作用，与各专业协同推进。

绿色设计是以环境与建筑的共生体为研究对象，从前期规划布局中绿色策略的决定性作用入手，到后续的各专项技术细节的接入，在全生命周期内形成完善的绿色设计系统，杜绝孤立的技术拼贴和片面的要点叠加。

绿色设计是以总体平衡为目标，从建筑设计的内在本质出发处理地域、环境、空间、功能、界面、技术、流程、造价等一系列问题，以创作为引领，以技术为依托，在平衡中创造最优的建筑与环境的关系，最大限度地利用资源、节约能源、改善环境。

在设计正向推进的主线下，不断地评估修正，进行验证反馈，在整体系统平衡中达到最优效果，并以此为导向评判绿色建筑的方向与优劣。

正向绿色设计

社会资源
经济条件
建设时序
专业设计
设计要素
气候条件

以正向绿色设计为抓手，统筹多维度要素

T2

绿色设计主要原则：五化理论及其具体阐释

T2-1

生态环境融入与本土设计（本土化）

本土设计的含义包括以下三个方面："一是建筑设计要充分考虑当地的自然环境，包括气候、环境、资源等因素，尽可能地顺应、利用和尊重富有特色的自然因素，创造自然与人工相结合的美好环境；二是建筑设计文化的概念，城市的历史和文化是宝贵的城市财富，是城市的'灵魂'，本土设计应扎根于当地生生不息的文化之中，从中汲取营养，继承历史文脉并创造新的文化；三是建筑设计空间的概念，本土设计要创作出符合当地地域性特点的建筑，让城市重新找回自身的特色，让人们重新找到认同感。[1]"

继承中国传统文化天人合一的思想，强调城市环境发展的一体化与生命力，追求与自然的紧密贴合以及复合化的多样发展，创造因地制宜、有机生长的立体化生态绿色体系。倡导因地制宜、体量适度、少人工、多天然的根植于地域文化的本土绿色设计。主要方向如下：

T2-1-1

响应地域气候条件

我国幅员辽阔，各地气候差异大。按照传统建筑热工学分区，我国可分为严寒地区、寒冷地区、夏热冬冷地区、夏热冬暖地区、温和地区五

个不同气候区。建筑设计在应对具体的气候条件时应有不同的应对策略，所关注的主要气候因素有太阳辐射、温湿度、风三个方面。

T2-1-2

融入具体建设环境

相比于气候区尺度、城市尺度，本土化更关注的是具体的建设场地这一尺度。该尺度并不是狭义的建筑红线范围内，而是指涵盖其周边环境的范围，更强调人能感受到的空间范围，"目之所及"的环境。当建设环境本身具有独特的场地特征时，如地处山林、河谷、沙漠、湿地等环

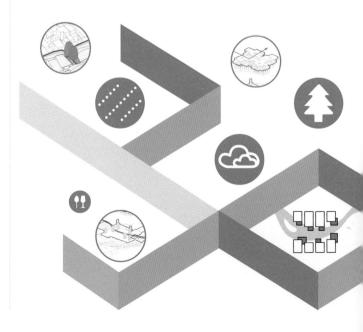

境，保护自然环境、顺应地形地貌、整合场地生态等措施尤为重要。

因地制宜、适合地方经济条件的路线。

T2-1-3
尊重当地文化传统

除了向当地特色传统建筑寻求空间和形式上的创作灵感外，也要关注到传统的建造方式、传统的材料，从中选取工艺。这里并不是指片面地拿来，而要结合新时代新建筑的实际需求，结合新的建造材料进行一定的创新，使夯土墙体、屋面挑檐、天井院落等传统建造智慧有所传承。这一条也是最有可能改变我国"千城一面"风貌的方向。

T2-1-4
适合当地经济条件

我国幅员辽阔，经济发展水平不一，盲目地追求高新技术这一路径走不通，尤其在经济欠发达地区，购置昂贵的设备本身就使地方经济负担过重，后期的维护更新更是无从谈起。我们应走

T2-2
绿色行为方式与人性使用（人性化）

倡导绿色健康的行为模式与空间使用方式，强化以"人"为核心的设计法则，从人的使用、路径、景观、视野、交往空间、风光声热的感官舒适度等各方面进行综合比对，通过形象的实时模拟与生态环境相配合，以数据化的形式反映人在空间中的真实感受。主要方向如下：

T2-2-1
引导健康的行为模式与心理满意度

建筑设计注重从绿色健康的行为模式与空间使用的真实感受出发，从功能布局的合理性、优化人员流线和资源配置等方面，创造健康、舒适、自然、和谐的室内外建筑环境，使人有更多的获得感，如安全感、室外景观、室内空间、文化氛围等。

T2-2-2
改善空间环境质量与体感舒适度

从建筑物理中最常见及重要的风、光、声、热四方面对设计提出指导，提供一个"感官舒适"的空间，提倡在满足环境舒适度的前提下，尽可能降低资源消耗和减少环境污染，追求以人为本的"低能耗舒适"的建筑理念。

T2-2-3
活动路径便捷高效与人性设施使用

将人摆在设计的核心位置，研究人的行为路径、安全可靠性等内容，对人与使用的建筑和空间的交互方式进行创新和改造，设立符合人性化使用的各类设施。

T2-3

绿色低碳循环与全生命期（低碳化）

低碳（low carbon），意指较低（更低）的温室气体（二氧化碳为主）排放。低碳化是指在可持续发展理念指导下，通过技术创新、制度创新、产业转型、新能源开发等多种手段，尽可能地减少能源消耗，减少温室气体排放，达到经济社会发展与生态环境保护双赢的一种发展形态。应用创新技术与创新机制，通过低碳化模式与低碳生活方式，实现社会可持续发展。低碳生活代表着更健康、更自然、更安全、更环保的生活，是低能量、低消耗的生活方式。

低碳化是一种绿色理念，是强调舒适体验、建筑美好的前提下的设计，不以指标数据为唯一标准，而是以适宜的设计手段去影响建筑，达成低碳的绿色设计目标。注重建筑全生命期的绿色，重点关注降低建筑建造、运行、改造、拆解各阶段的资源环境负荷；全面关注节能、节地、节水、节材、节矿和环境保护；同时建立能量循环利用的概念，对光、风、水、绿、土、材形成充分循环利用。在具备条件的项目上鼓励装配式建造、适度的模数化设计与工厂化预制。通过全过程的统筹管理，从策划到设计，从建造到运营，再到回收的全生命考量实现绿色低碳循环。主要方向如下：

T2-3-1

调控使用需求与用能空间

低碳化倡导建筑的使用者控制使用标准，主动降低建筑用能，实现社会可持续发展的目标。设计师可将相关信息传递给建筑使用者，通过创造低能量、低消耗空间条件的可能性，控制用能时间与空间，引导使用者更合理、健康地使用建筑，共同保护生存环境。

T2-3-2

鼓励可再生能源与资源的循环利用

在设计过程中应最大可能地利用天然气、风能、太阳能、生物质能等可再生能源。通过适宜的新能源应用技术，并考虑其经济可行性，从而优化建筑用能结构，降低建筑采暖、空调、照明以及电梯等设备对常规能源的消耗，达到节能目标；同时建立对水资源的循环利用系统，实现土地的节约，从低碳与可再生利用的角度考量建筑材料的再生应用。

T2-3-3

设计合理的建构方式并减少装饰浪费

以合理精巧的建构方式和建筑结构一体化展开设计建造，减少无功能意义的建筑装饰与装修；采用良好热工性能的外围护结构、建筑物的朝向与阳光相适应、关注开窗方式及构造等，达到节地、节材目标。

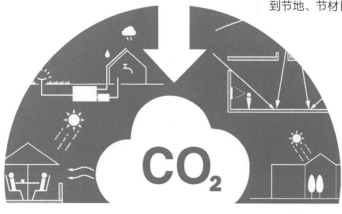

T2-3-4

提倡设备系统高效利用

在设备选用过程中，需要选择节能、高效的设备系统，提高能源的使用效率，降低碳排放。此外，设备的运行倡导信息数据和分区控制的手段，减少用能的浪费，达到节水、节能的目标。

T2-4

建造方式革新与长寿利用（长寿化）

长寿化提倡灵活可变和装配化的建造模式，通过建筑长寿化节约资源能源，降低环境负荷。减少建筑的频繁建造、拆除，延长资源的利用时间，可有效减少资源需求总量，降低环境影响。同时对既有建筑通过微介入做到更有效的利用。尽可能延长建筑结构的使用年限；机电、室内分隔空间与结构体系分离。

长寿化，更加注重延长建筑寿命，有效延长资源利用时间，提高资源利用率。以降低资源能源消耗和减轻环境负荷为基本出发点，在建筑规划设计、施工建造、使用维护的各个环节中，提升建筑主体的耐久性、空间与部品的灵活性与适应性，全面实现建筑长寿化。长寿化是基于国际视角的开放建筑（Open Building）理论和SI

（Skeleton and Infill）体系，并结合我国建设发展现状提出的面向未来的绿色建筑发展要求，是实现可持续建设的根本途径。

T2-4-1

建立建筑的适应性

利用通用空间的灵活可变提高功能变化的适应性。设计应从建筑全生命周期角度出发，采用大空间结构体系，提高内部空间的灵活性与可变性，主要体现在空间的自由可变和管线设备的可维修更换层面，表现为可进行灵活设计的平面、设备的自由选择、轻质隔墙与家具、设备管线易维护更新等。设置单元模块等充分考虑建筑不同的使用情况，在同一结构体系内可实现多种单元模块组合变换，满足多样化需求。多种平面组合类型，为满足规划设计的多样性和适应性要求提供优化的设计。适应建筑全生命周期的设计，应在主体结构不变的前提下，满足不同使用需求，适应未来空间的改造和功能布局的变化。

可采用SI分离体系将建筑的支撑体和填充体、管线完全分离，提高建筑使用寿命的同时，既降低了维护管理费用，也控制了资源的消耗。

T2-4-2

提升建筑的耐久性

延长主体结构使用寿命和减隔震的应用，延长部品部件的耐久年限和使用寿命；提高主体结构的耐久性能；最大限度地减少结构所占空间，使填充体部分的使用空间得以释放。同时，预留单独的配管配线空间，不把各类管线埋入主体结构，以便检查、更换和增加新设备时不会伤及结构主体。外围护系统选择耐久性高的外围护部品，并应根据不同地区的气候条件选择节能措施。在全面提高建筑外围护性能的同时，注重其部品集成技术的耐久性。

T2-4-3

提升建筑的集成化

可采用标准化设计、工厂化生产、装配化施工、一体化装修和信息化管理等实现建筑的高集成度，实现空间与构件的单元性，便于在时间维度和不同阶段实现有效的控制与更换，避免大拆大改。

T2-5

智慧体系搭建与科技应用（智慧化）

以互联网、物联网、云计算、大数据、人工智能等信息技术作为绿色全周期的有力支撑，建立基于BIM的建筑运营维护管理系统平台，提高建筑智能化、精细化管理水平，更好地满足使用者对便利性的需求，为提升居住生活品质提供支撑。搭建前期智能化设计方案的合理性模型，评估绿色能源系统的耗热量、碳排放指标、室内空气质量污染指数等的计量和公示方案。

T2-5-1

搭建完整智慧化体系架构

完整的智慧化架构包括感、传、存、析、用五个方面，分为底层智慧共享体系和上层智慧应用体系两层。统一的建设标准、兼容的通信协议、完整的网络建设都是完整智慧化体系不可或缺的一部分。搭建完整的体系构架才能充分发挥智慧化体系的功能，才能保证数据的互联互通；让上层智慧应用体系中的各个应用高效地发挥作用，就是一种高效的节能环保。

T2-5-2

建设强大智慧化分析"头脑"

智慧化体系需要强大的智慧化"头脑"，所谓"头脑"需要包括软硬件两方面。硬件方面需要建设一个强大的数据处理和应急指挥中心；软件方面则可以结合BIM、GIS、大数据、云存储等各类新兴技术来实现智慧建筑所需的强大功能，制定各类管理和运维策略，以协调建筑内各个系统，实现节能环保的目标。

T2-5-3

合理选择智慧化应用

不同建筑有其特定的功能，建设方大多也希望建设具有特色的建筑。众多的智慧化应用中，需要挑选出符合建筑使用和绿色调控的去使用。大型医院可使用排队叫号、智慧呼叫、远程探视、智慧处方等功能；办公建筑可使用云办公、远程视频会议、智能照明等功能；商业建筑可使用生物识别支付、人流量统计及引导等功能……合理准确的信息传递，是节能环保的重要手段，是各个建筑以及建筑子系统高效运行的基础。合理使用的智慧化应用，不仅能让建筑更加智慧环保，还能大幅提高用户的幸福感。

T2-5-4

利用绿色性能化模拟和 BIM 进行反馈与管控

利用智能模拟工具进行建筑模拟分析、实时反馈，如室外风环境、室内热湿、气流组织、通风、建筑空调、照明能耗、室外日照和建筑室内光环境、室内外噪声等模拟分析；保障绿色设计实施过程的科学性与准确性，建设基于BIM技术的全生命周期管理平台与设计实施系统。

T3

绿色设计重要
思维方式

绿色价值观
发展观　人本观
环境观　科技观

少用能
少用材
多开敞
多集约

多元平衡

资源消耗　设计品质　降低能耗
VS　VS　VS
舒适度　建设周期　增加设备

地域文化
创造多样风貌　反映地域面貌　适应当地气候

VS

遮阳

从空间到措施

经济性原则

技术措施提升优化　空间先导节能设计

一体化解决方案

系统性多维度叠合

全生命周期

传统智慧
科技创新
减少用能
延长寿命

被动优先主动优化

节地　融绿　架空　遮阳　通风
采光　绿顶　保温　节材　节能　健身

T3-1

如何看待绿色以及绿色设计？

　　绿色与绿色设计既是一个大范畴的系统，也是不同维度内容的组合，这种多维复合的特性也决定了绿色设计的复杂性，比如既有不同气候区的限制、不同专业的要求、不同设计要素的考量，又有经济条件与环境的不同，等等，是不同层次的叠加。在实际的设计中很容易被碎片化，以至于和设计的进程难以同步。以正确的绿色价值观引导，围绕设计这条顺序主线延续，统筹各个方面，是设计师进行绿色设计的重要思路。

　　绿色设计也不简单等同于绿色建筑评价体系，无论是规划还是建筑单体的实现都需要建筑规划师的组织与整合、专业工程师与技术咨询师的完善与配合，通过绿色价值观的引入看到绿色设计的实质，同时引导我们对建筑设计和规划的理念实施。

　　审视绿色的价值观：

　　绿色是一种思维，是对发展深层次的理解，是最大化的价值创造。深度发掘一切可能的价值要素，从前期策划与业态研究入手，提炼场地与既有环境的利用价值、天然生态引入的价值、商业利益模式的最大价值、结构体系的最优化价值、可循环再生的社会价值等，通过设计梳理到运营的统计反馈，用最优成本创造最大化的社会价值，体现对社会资源的充分利用。

绿色代表着生命，强调建筑和环境的关系，建筑如生物一般有其成长的骨骼和生态的脉络，其源于自然的延展，又融入城市的肌理，绿色的网络引导着一切资源的展开，如土地、水、光热、生物、人工建设等。在水平中伸展，在垂直向生长，人的需求于绿色中复合化展开，能量在循环中不断再生。绿色设计应继承中国传统文化天人合一的思想，强调城市环境发展的一体化与生命力，追求与自然的紧密贴合，以及复合化的多样发展，创造因地制宜、有机生长的立体化生态绿色体系；源于城市，融入环境，师法自然，再现传统地域文化的意境。

绿色体现着关怀，是对人性化的深入理解，给予使用者更舒适的感受和多样化的体验。设计师要更多地关注人的生活与行为，去感悟生活中的点点滴滴。从使用、路径、景观、视野、交往、感官舒适度等方面去引导自然健康的生活方式。

绿色是科技与智慧的结合，是利用现代信息化手段对低碳可再生理念的深度发掘与创造。设计师要努力去创新环保低碳的材料，建构高效生态的建造方式，同时利用绿色模拟技术、BIM技术等实现信息和科技成果的实时再现，并在运营中有效检验建筑节能环保的真实效果，最终形成智慧生态城市系统的有机组成部分。

T3-2
坚持从整体到局部、从空间到措施的设计时序

绿色设计是系统性设计，包含了建筑及其所在区域环境的互动关系，也反映了全生命时间维度的影响因素，同时是多专业、多维度的叠合。从设计的正向推进中，应优先考虑整体性与系统性策略，力求从项目前期定位开始统筹，最大化

绿色价值，整体解决方案效果也往往大于局部的应用。设计从场地与环境入手，到空间、功能、形态，再到技术、设施、构造、材料等等，由宏观到微观逐渐展开，优先考量整体性要素。当面对多种参与的要素，整合一体化的解决方案也优于不同方面的拼贴组合。

空间设计和需求的调控是重要的切入点，空间的布局、规模、尺度、可变性、集约型、与环境的关系、用能的方式等，都是决定性的要素，也是创作的源泉。其产生的节约效果远大于局部技术措施的应用，所以绿色设计的重要思路是以空间为先导进行的节能设计，再到技术措施的提升与优化。

T3-3
由地域条件入手，从被动优先到主动优化的绿色方法

围绕现有气候、资源、能源，顺应条件的被动引导是绿色设计的出发点，如对自然中风、光、热的最大化利用，对周边地形地貌、环境资源的利用等。在此基础上，主动平衡使用需求与能源资源的关系，在提升舒适度和高品质的同时，应尽可能消解其所带来的能源消耗和资源浪费，并利用技术手段进行局部优化。运营阶段的使用和调试也需主动应对，来保持设计内容的有效落实。

T3-4
从多元平衡的角度推进绿色设计

在设计的整个过程中，需要面对多样的问题，并在不同层面提出不同的解决方案，有些解决方案是可以同步展开的，有些则是此消彼长的。例如我们在不断提升舒适度的过程中会带来能耗的增加与资源的消耗，反之亦然；在面对自然环境最大化和人工介入程度时，在设计品质、

造价与周期之间等都需要做出平衡，无法面面俱到；我们为降低能耗而额外地增加新型设备工具本身又是新的能耗的源头。如同自然界的生物生态系统，是在矛盾、制约与共生中找到平衡点，能量在循环中不断发展。

所以在设计参与前期要对整体系统做出判断，在不同的方面做出综合平衡；建筑师更应该在各方技术方案的基础上综合统筹，进行价值的最大化挖掘，做出系统的解决方案。在设计深入的过程中，各专业全面参与，不断地平衡与评估，实现环境与系统的整合设计，以破坏性最小且有利的方式利用资源。

T3-5
以全生命周期作为考量范畴挖掘绿色创作的可能性

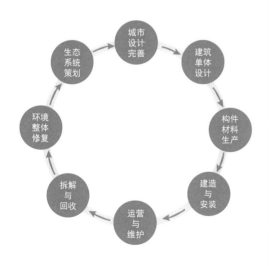

绿色建筑设计是一个贯穿全过程的全生命周期的设计系统，可以说从开始的整个区域的生态策划到城市系统设计的完善，到单体设计深入，构件材料采集、生产以及单体建造，再到运营维护、重复使用，乃至整体生态修复的平衡与环境整合，这样一个全生命周期的流转之后，整个绿色设计才算真正完成。要考虑整个能量和物质的循环平衡，在各方面做到资源的整体均衡和生态循环，体现动态的生长。

以全生命周期为考量范畴，可以更深刻地体现本土化的环境整合、人性化的多样性、长寿因子的应用、低碳手段的拓展，并可以利用智慧化手段加以调控，在绿色设计的过程中提供给设计师更多的可能性与拓展空间，废弃物与生产物、建造与拆解可以自由转化，在时间周期再生往复。

鼓励绿色设计项目以设计师主导的全过程咨询为推进方式，在前期策划、可研、设计、建造管理、运维、更新利用等过程贯彻统一的绿色设计理念，在项目伊始搭建出有效的管控手段和方式，从而保障绿色设计高质量、高品质且经济有效地落地实施。

T3-6
贯彻始终的经济性原则

经济性是绿色设计的重要原则，应在全生命周期综合考量；经济性也是决定绿色设计策略的重要依据，无论是低成本利用还是高技术建造，绿色建筑设计往往是在资金调控下寻求最优解答的重要方式。需要说明的是，绿色设计也不一定就是高投资的建筑，本地化的资源利用与更合理的设计在某种程度上也是资金的节约，如场地使用、本地能源与资源、结构优化、机电整合、旧材料利用等都会带来新的机会。

另外，高质量高标准的建造、能源利用设施的选择、环境的提升、智慧系统的管控等也需要前期的一些资金投入，前期的增量投资与后期的运营收益往往需要总体核算、综合平衡。

经济性要求应在全周期的各个阶段进行评估，尤其与经济有关的立项、可研、估算、概算、预算、工程量清单等更需要植入绿色部分的相关内容。

T3-7

创造有地域文化精神的绿色美学，破解干城一面的难题

绿色设计往往是在特定环境下最为适宜当地的建筑，建筑形态充分反映其本真性、地域性、生态性、一体化等，形态本身就是其环境和使用的反映，一种建筑和环境的充分融合。

中国的传统地域文化恰恰是与自然共生的最佳典范，室外与半室外空间的利用也大大地降低能耗，建筑形式语言宜从这种融合中发现建筑的内在美，鼓励在此价值基础上创造出富有地域绿色特点的美的表达。

现代城市建筑受现代主义影响形成干城一面的现状，因地制宜的绿色美学恰恰成为破解这一难题的有效办法。让不同地区的建筑自然而然地适应当地的气候，反映地域的面貌，创造多样的城市风貌。

注释
[1] 崔愷. 本土设计 [M]. 北京：清华大学出版社，2008.

"少用能"
压缩用能空间
缩短用能时间
区分用能标准

"少用材"
适用的空间规模
合理精巧的建构设计
尽量不用无功能的装饰材料
少用不可再生的天然材料

"多开敞"
多做开敞空间
将开敞空间与适用功能相结合
多为室内空间、地下空间提供
自然采光、通风条件

"多集约"
变单功能为多功能，提高使用效率
变分散为集约，提高用能效率

从主动优先到
被动优先主动优化

●主动式促进科技创新，带动了新设备新
材料的发展，无疑也从某些方面产生了用能
设备的节能效果。

●以往被动房貌似不用能，但大量保温隔热
材料的生产也会耗能耗材，还有材料寿命的
制约。

●传统被动式节能或无能建筑的智慧很有效，
但是也以生活方式和水平的局限为代价，完
全照搬并不符合今日人居环境的需求。

●基于地域气候适应性的绿色建筑设计是在
吸收传统智慧的基础上，以提升健康生活水
平为导向，以被动式空间节能为手段，以主
动式科技进步为支撑，以可持续发展为目标
的系统创新。

被动节能
建筑设计能
做什么？

选址用地要环保：
保山、保水、保树、保景观

创造积极的不用能空间：
开放、遮雨遮阳、适宜搞活动
适宜经常性使用

减少辐射热：
遮阳、绿植、天光控制、屋顶通风

延长不用能的过渡期：
通风、拔风、导风、滤风

减少人工照明：
自然采光、分区用光、适宜标准、
功能照明与艺术照明相结合

节约材料：
讲求结构美、自然美、设施美，大
幅度减少装修室内外界面功能化、
地方性材料，可循环利用

被动式绿色建筑
设计要点

节地——紧凑布局，保护地形地貌
融绿——保护自然林木，融入景观
架空——营造灰空间，使建筑更开放，增
加无能耗空间
遮阳——对立面、屋顶界面的减日照处理
通风——不仅是窗的开启，还有空间气
流的组织意识
采光——直接、间接、反射的引光手段
绿顶——绿化、水体与屋顶隔热及上人活
动相结合
保温——墙、顶界面材料构造的设计
节材——少用材料，用耐久材料，用可再
生和易降解材料
节能——减少用能时间，调整用能量的空
间设计策略
健身——为使用者提供适宜健身活动的室
内外场所

——《绿色建筑设计的思考与实践》
崔愷院士

项目 苏州火车站　　摄影 张广源

P

P 1 - P 2

体系与时序

PROCESS

P1

正向设计思路
与体系重构

国内外的绿色体系多为在不同方向的要点和评分系统，往往和设计的思路是不一致的，所以也难以有效地指导设计师的设计实践。这里梳理出的设计思路是按照设计的正向逻辑进行展开，在常规设计流程的基础上进行整合，在每一个阶段融入绿色设计方法来指导设计师使用，从对平行打分体系转到利用矩阵式检索的方式开始设计。本小节介绍了主要的设计思路。

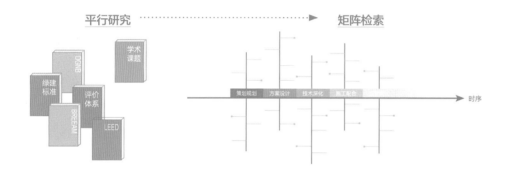

P1-1

以"方法检索"为设计主线

绿色建筑设计应的展开是以正向设计思路为主线，从宏观到微观，从发现问题到解决问题。按照不同专业、不同要素、不同时序逐渐展开，矩阵式检索的方式可以帮助设计师选取最合适的

解决方法策略。通过不断的平衡获得最佳方案。

导则方法检索的列举逻辑打破了各种标准体系以结果条目分类的方式，与设计的正向思路保持一致，可使设计师在设计有序推进的过程中不断融入绿色基因，并在设计的不同阶段中反复检索论证。

方法检索			策划规划	方案设计	技术深化	施工配合	运营调试
A1- 场地研究	A1-1 协调上位规划 A1-2 研究生态本底 A1-3 构建区域海绵						
A2- 总体布局	A2-1 利用地形地貌 A2-2 顺应生态廊道 A2-3 适应气候条件						
A3- 形态生成	A3-1 融入周边环境 A3-2 反映地域气候 A3-3 尊重当地文化						
A4- 空间节能	A4-1 适度建筑规模 A4-2 区分国际标准 A4-3 压缩用能空间						
A5- 功能行为	A5-1 剖析功能定位 A5-2 引导健康行为 A5-3 植入自然空间						
A6- 围护界面	A1-1 优化维护墙体 A1-2 设计屋面构造 A1-3 优化门窗系统						
A7- 构造材料	A1-1 控制用材总量 A1-2 鼓励就地取材 A1-3 循环再生材料						

P1-2

以"多元评估"为过程反馈

绿色设计的过程中需要不断地进行评估验证，以保证最后的结果。这种评估是多元的、不断叠加的，既有整体目标导向，也需要细节的模拟验证，在评估过程中修正设计主线的方向和方法策略的选取。

如在规划布局和建筑空间中，通过不同阶段对室内外风、光、声、热、能耗的模拟反馈来修正建筑的布局与空间的利用，模拟结果不是绝对的修改依据，需要在设计主线中去权衡判断。

如对于五化理念不同维度的轻重需要在设计过程中平衡判断，一个项目难以在五个方向都做到极致，需要有所取舍。而取舍的过程就是因地制宜、因时而变的过程。

如关于绿色的经济性评估需要在每个阶段都完成，前置投入、建造运营收益、社会效益等的平衡需要一直关注。

如绿色设计是全周期的考量，设计的每个阶段都应该验证对其他阶段的影响、对施工的节约、对运营和拆除的影响等，也包括对LCA（Life Cycle Assesment，生命周期评估）的验算和对社会垃圾的排放。对建筑设计的绿色评估应该站在整体统筹的基础上，鼓励系统性与整合式的解决方案，而不是以技术要点的多少作为优劣的主要依据。优秀的绿色总体策略是评估的主要部分，也是我们评论优秀绿色建筑设计的重要原则。

多元评估需要利用一系列的工具包和数据库进行验证。其结果不是唯一和必然的，需要在反馈后进行二次判断，与其他各种问题进行综合平衡，在平衡中适度修正。

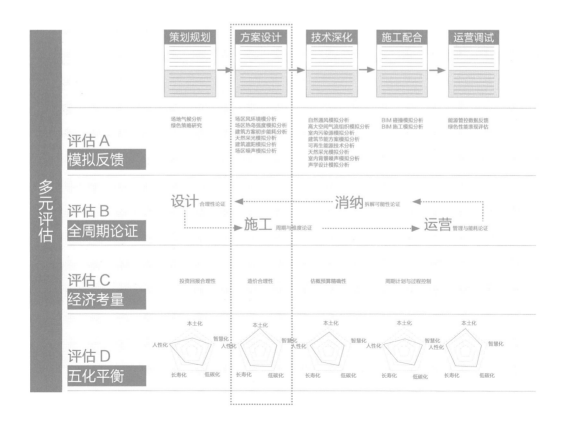

P1-3
全专业正向设计思路框架

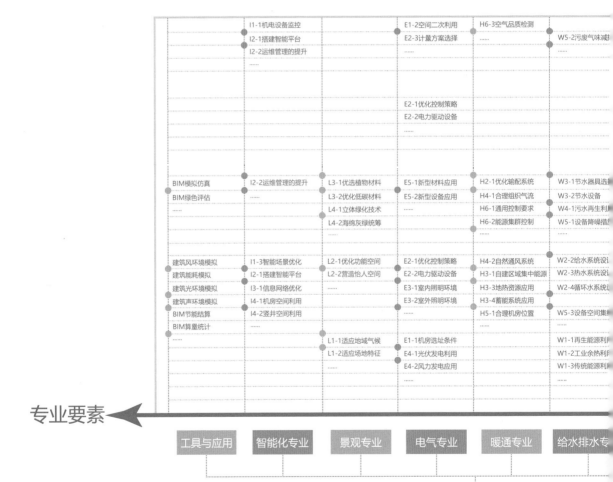

涵盖绿色建筑 全领域、分专业 展开研究方向

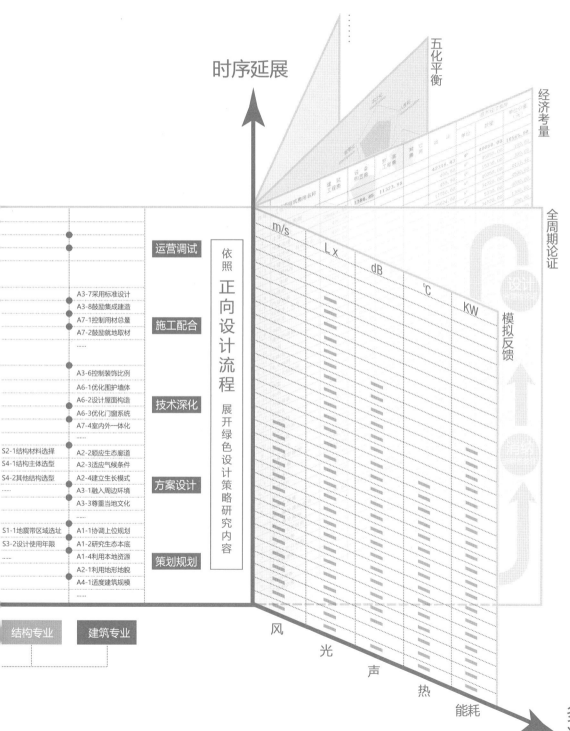

时序延展

五化平衡

经济考量

全周期论证

模拟反馈

多元评估

运营调试

A3-7采用标准设计
A3-8鼓励集成建造
A7-1控制用材总量
A7-2鼓励就地取材
……

施工配合

A3-6控制装饰比例
A6-1优化围护墙体
A6-2设计屋面构造
A6-3优化门窗系统
A7-4室内外一体化

技术深化

S2-1结构材料选择
S4-1结构主体选型
S4-2其他结构选型
……

A2-2顺应生态廊道
A2-3适应气候条件
A2-4建立生长模式
A3-1融入周边环境
A3-3尊重当地文化

方案设计

S1-1地震带区域选址
S3-2设计使用年限
……

A1-1协调上位规划
A1-2研究生态本底
A1-4利用本地资源
A2-1利用地形地貌
A4-1适度建筑规模
……

策划规划

依照 **正向设计流程** 展开绿色设计策略研究内容

结构专业　建筑专业

风　光　声　热　能耗

m/s　Lx　dB　℃　KW

P2

阶段流程

P2-1
前期准备阶段

P2-1-1
组建团队

组织参与绿色建筑的各个团队,包括:建设方、设计、咨询、施工及运维管理,以及参与项目建设、使用与运行管理的各相关单位。

P2-1-2
制定全程方案

设置绿色建筑设计总监(或由主持建筑师兼任),组织设计各阶段、各团队进行技术共享、平衡、集成的协同工作,制定绿色全过程组织方案。

P2-1-3
研究前置背景

对项目所在地的前置环境条件进行充分的研究,形成后续项目开展的背景支持。根据项目的基本使用需求和所在地区的气候、文化、技术、经济特征确立绿色建筑设计目标。

P2-2
策划规划阶段

P2-2-1
立项报告(项目建议书)

协助业主进行项目背景、需求分析与功能定位,项目选址和建设条件论证分析,社会效益和经济效益初步分析,投资估算。重点进行环境影响、交通影响、地质安全、社会稳定风险、消防安全、节能减排等方面的影响评价。

P2-2-2
可行性研究报告

以立项建议书为基础(有时可行性研究报告可代替项目建议书),进一步梳理背景、建设的必要性和可行性,详细论证功能需求与建设规模、地质评估和市政条件接驳,确认投资估算。提出与项目类型相适应的绿色策划和概念设计方案,完成节能节水和绿色建筑专篇。

P2-2-3
绿色专项策划

依据项目地域化基础研究成果,进行项目立项建议书和可行性研究中绿色策划专项编制,分析当地基础条件,对上位规划、本底生态、本地文脉、环境质量等方面进行分析,对周边环境及生态要素不造成负面影响,确立初期的绿色增(减)量投资。

P2-2-4
设计任务书

以可行性研究报告为基础,帮助业主分析功能业态,进行方案设计任务书编制,融入绿色设计策略,确立五化的平衡目标。

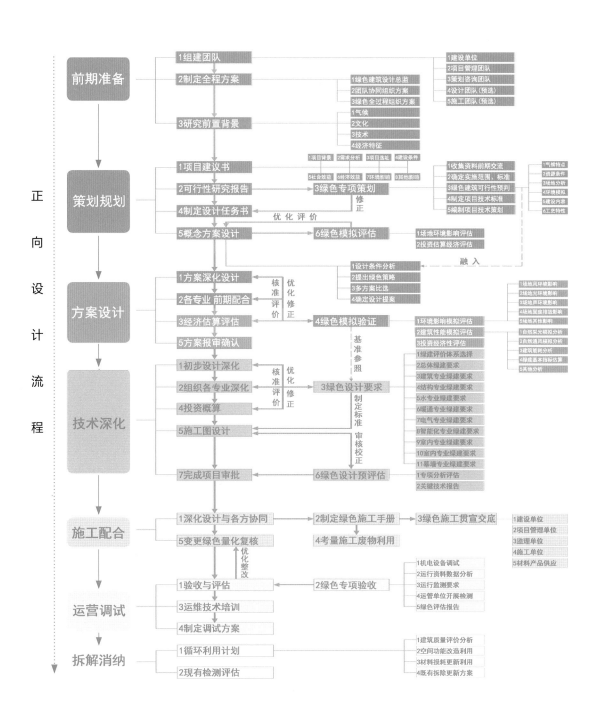

P2-2-5

概念方案设计

　　按方法体系推进概念方案设计，进行多方案比较。

P2-2-6

评估与模拟

　　对绿色策划及建筑概念方案作专项评估，如建设影响评估、场地环境模拟、投资估算和经济性评估等，确定前期绿色策划的可行性及调整方向。

P2-3
方案设计阶段

P2-3-1

方案报审确认

　　按导则方法体系进行绿色建筑方案设计，获得用地规划许可证，通过方案报批，完成交评、环评、人防等内容，并与业主确定实施方案。

P2-3-2

前期模拟验证

　　方案过程中由绿色咨询与模拟团队进行实时模拟评估验证，如室内外风、光、声、热、能耗、全周期平衡等，确保在设计初期有最优的结果反馈，并对方案进行修正。

P2-3-3

各专业前期配合

　　各专业需要在此阶段介入，并提出系统化方案，针对绿色设计进行前置论证。

P2-3-4

经济估算评估

　　对绿色建筑设计方案作专项投资估算，并进行方案绿色经济性评估，报政府及业主各方审批。

P2-4
技术深化阶段

P2-4-1

初步设计深化

　　在规划方案审批通过的前提条件下，各专业按方法体系开展项目方案深化、初步设计。

P2-4-2

组织各专业深化

　　主持建筑师牵头组织总图、景观、结构、机电等各专业以及各专项咨询方，实时把控绿色设计的效果，并通过评估判断和绿色模拟技术分析，优化深化技术设计。

P2-4-3

投资概算与绿色经济评估

　　对绿色建筑初步设计作专项投资概算，并进行初步设计的绿色经济性评估，报送初步设计评审。

P2-4-4

施工图设计

　　在初步设计评审通过的前提条件下进行项目施工图设计，深入施工详图和构造节点的设计，编制绿色建材设备技术规格书。

P2-4-5

绿色设计预评估

　　进行施工图绿色设计各方面效果预评估。

P2-4-6

完成项目审批流程

符合国家绿色标准的行业要求，完成相关报审程序，获批工程规划许可证，合法开工。

P2-5

施工配合阶段

P2-5-1

深化设计与各方协同

在深化设计和施工招标准备的过程中，各专业设计负责人与业主、施工企业和材料产品设备的工艺方密切沟通配合，结合绿色技术产品施工要求，配合工艺构造要求，把控精细化设计质量。

P2-5-2

处理变更量化复核

在施工建造的过程中，涉及绿色设计技术和设备产品的变更，需进行相应量化计算的调整和必要的复核模拟计算，形成各专业技术确认的备案文件。

P2-5-3

考量施工废物利用

同步考量施工过程中的资源消耗与废物利用，减少废物的排放。

P2-6

运营调试阶段

P2-6-1

绿色专项验收与综合评估

配合施工总体验收进行绿色专项验收；在项目正式竣工后，进行绿色各专项的综合评估，进行记录验算，完成评估报告。

P2-6-2

运维技术培训

交付业主并提供绿色运维管理的专项技术培训。

P2-6-3

指定调试方案

与业主和运维方一同制定调试方案，在保证需求的情况下控制能源消耗。

P2-7

拆解消纳阶段

P2-7-1

循环利用计划

有效利用建筑拆改过程中可循环利用的建筑材料，将之应用到建筑基层、建筑围护或建筑景观中。

P2-7-2

现有检测评估

对绿色化更新的改造项目，需进行原有条件的检测和评估等基础研究，通过可行性研究、概念方案投资测算、经济性评估，重新设立既有建筑绿色更新项目，实现高质量绿色建筑的可持续发展。

项目 海口市民游客中心　　摄影 李季

A

A1 — A7

建筑专业

ARCHITECTURE

理念及框架

　　建筑专业是绿色建筑设计的牵头组织专业，建筑师也在设计全程中起到对其他各专业与系统的整合作用，贯穿从策划规划、建筑设计、施工配合、运营使用到拆解消纳的全生命周期流程。

　　本章节以建筑设计的正向设计流程为时间主线，从绿色建筑设计方法论的角度梳理了从前期阶段的场地分析研究、初期阶段的概念布局形态、功能空间组织到后期深化阶段的构造材料工艺全过程的绿色设计策略与措施，为建筑师在不同阶段提供具有针对性的绿色优化选项，从而形成一种陪伴全程的方法引导与参考。建筑师可根据项目所处的不同阶段，在导则章节内寻找对应的绿色优化分析与措施。

　　场地研究是针对场地内外前置条件的研究，依照协调上位规划、调研生态本底、构建区域海绵、利用本地资源4个方面进行展开，是从根源上找到绿色解决方案的重要前提。

　　总体布局是在宏观策略指导下的规划方式，从利用地形地貌、顺应生态廊道、适应气候条件、建立生长模式、优化交通系统、利用地下空间、整合竖向设计7个角度进行探讨，此部分内容也是最大限度地节约资源的重要举措，对绿色设计方法的贡献率往往远大于一般的局部策略。

　　形态生成引导建筑师从气候环境与绿色生态的角度重新审视建筑对形式的定义，以环境和自然为出发点是最大限度地节约资源的重要举措，避免简单的形式化与装饰化，包含融入周边环境、反映区域气候、尊重当地文化、顺应功能空间、反映结构逻辑、控制装饰比例、选用标准设计、鼓励集成建造共8个方面。

　　空间节能是绿色节能具有突破意义的理念内容，重新梳理用能标准、时间与用能空间，以空间作为能耗的基本来源进行调控，这是绿色真正决定性的因素，包含适度建筑规模、区分用能标准、压缩用能空间、控制空间形体、加强天然采光、利用自然通风共6个方面。

　　功能行为以人的绿色行为为切入点创造人性化的自然场所，既有绿色健康与长寿化使用等新理念的扩展，也包含了室内环境的物理要素的测量和人性设施的布置等技术要素。从剖析功能定位、引导健康行为、植入自然空间、设置弹性空间、优化视觉通廊、提升室内环境、布置人性设施共8类措施进行论证。

　　围护界面是绿色科技主要的体现，包含选择围护墙体、设计屋面构造、优化门窗系统、选取遮阳方式共4个方面。此部分是设计深入过程的重要内容，也是优质绿色产品出现和技术进步的直接反映，与建筑的品质和性能直接相关。

　　构造材料为绿色设计提供了多样的可能性，既需要总量与原则性的控制，也有细部节点的设计，可围绕减少环境负担和材料可再生利用来展开。此部分从控制用材总量、鼓励就地取材、循环再生材料、室内外一体化4个方面进行展开。

A1 场地研究	A1-1	协调上位规划
	A1-2	研究生态本底
	A1-3	构建区域海绵
	A1-4	利用本地资源
A2 总体布局	A2-1	利用地形地貌
	A2-2	顺应生态廊道
	A2-3	适应气候条件
	A2-4	建立生长模式
	A2-5	优化交通系统
	A2-6	利用地下空间
	A2-7	整合竖向设计
A3 形态生成	A3-1	融入周边环境
	A3-2	反映地域气候
	A3-3	尊重当地文化
	A3-4	顺应功能空间
	A3-5	反映结构逻辑
	A3-6	控制装饰比例
	A3-7	选用标准设计
	A3-8	鼓励集成建造
A4 空间节能	A4-1	适度建筑规模
	A4-2	区分用能标准
	A4-3	压缩用能空间
	A4-4	控制空间形体
	A4-5	加强自然采光
	A4-6	利用自然通风
A5 功能行为	A5-1	剖析功能定位
	A5-2	引导健康行为
	A5-3	植入自然空间
	A5-4	设置弹性空间
	A5-5	优化视觉体验
	A5-6	提升室内环境
	A5-7	布置宜人设施
A6 围护界面	A6-1	优化围护墙体
	A6-2	设计屋面构造
	A6-3	优化门窗系统
	A6-4	选取遮阳方式
A7 构造材料	A7-1	控制用材总量
	A7-2	鼓励就地取材
	A7-3	循环再生材料
	A7-4	室内外一体化

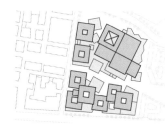

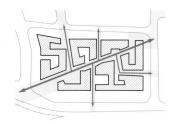

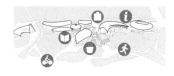

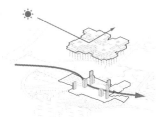

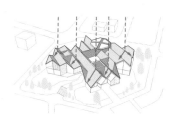

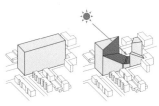

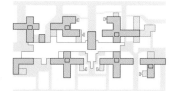

A1

场地研究

A1
场地研究

A1-1
协调上位规划

场地研究首先应立足于项目所在区域相关的各类上位规划，包括城市总体规划、控制性详细规划以及各专项规划，协调土地利用规划、地下空间规划，集约节约城市用地；研究所在区域海绵城市建设技术路线，对接当地生态规划各项要求，统筹发挥自然生态功能和人工干预功能，有效控制雨水径流，实现自然积存、自然渗透、自然净化的城市发展方式；协调上位交通规划、市政基础设施规划，确保公共交通设施、市政基础设施的集约化建设与共享。

A1-1-1   策划规划
基于区域综合发展条件，对上位规划中的项目规模与功能定位进行复核

调研项目所在地区的社会经济发展特点，综合分析所在区域的生态安全系统、生态结构体系和生态承载能力，了解其所在地区的社会背景、文化背景、生活背景等；对项目上位规划进行综合评价，综合评价的内容包括项目的定位、目标、规模、功能、布局及相关的指标等。分析、评价和论证与上位规划均作为绿色建设设计的科学量化依据，弥补传统城市规划在生态及可持续方向研究方面的不足，同时对上位规划阶段进入绿色建筑设计的阶段进行深化与衔接，从而保证建筑本体与城市和环境共同构成城市完整的生态功能系统。

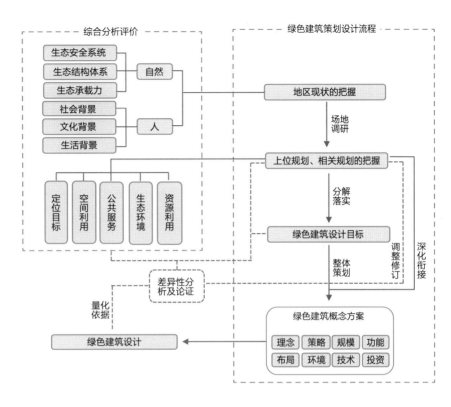

复核分析内容

空间利用				公共服务		生态环境			资源利用	
特色定位	开发控制	形态控制	结构控制	交通组织	公共设施	生态基底	绿地绿化	建筑环境	能源利用	可再生资源
区位	功能类型	体量	开放空间	轨道交通	服务半径	地形地势	绿地率	声环境	站点布局	固废收集
目标	地块尺度	风格	路径	公交站点	公共空间	水文气候	绿化覆盖	光环境	水资源	循环利用
定位	容积率	色彩	节点	慢行系统	可达性	水系网络	植林比	通风廊道	–	–
性质	高度	顶部	地标	静态交通	便利性	天然绿廊	本地植物	空气质量	–	–
–	–	贴线	界面	–	–	–	–	–	–	–
从空间利用、公共服务、生态环境、资源利用四个层面比对场地条件，对上位规划进行复核分析										

A1-1-2　　　　　　　　　　策划规划

研究所在城市地下空间总体规划，在合理条件下进行最大限度的开发利用

　　地下空间总体规划包括地下空间总体布局及开发控制、地下公共设施及地下交通规划、地下市政及防灾规划、地下空间综合开发利用、地下空间整合与海绵城市等内容。最大限度地开发利用地下空间可使土地资源集约化利用，降低城市中心区的建筑密度。

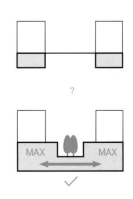

A1-1-3 　　　　　　　　　　　策划规划

研究项目周边城市开放空间规划系统以及与场地的呼应关系

开放空间意指城市公共的外部空间,包括自然风景、广场公园、城市街道、硬质景观、娱乐空间等。绿色建筑作为一个开放体系,与周边环境构成一个有机系统,研究区域内开放空间系统,充分利用或创建公共开放空间,开拓人们城市生活体验的潜能,寻找连接脉络,提倡复合型空间,鼓励环境互动、社会互动、静态休憩和健康运动。开放空间应具备开放性、可达性、大众性、功能性等特质,场地与周边开放空间呼应,将其纳入区域整体环境中,不能独立存在,如共同空间秩序的呼应、功能使用的呼应以及视觉效果的呼应等。

A1-1-4 　　　　　　　　　　　策划规划

协调上位交通规划成果,确保公共交通设施的集约化建设与共享

项目策划阶段应根据片区的功能定位和未来的发展目标,协调交通规划成果,综合考虑项目周边交通服务设施、交通开敞空间及公共交通结构布局,加强公共交通设施的集约化建设与共享,提高项目的交通资源利用效率。

研究分析交通规划成果,调查分析周边地区公共交通服务设施的布局、规模和服务半径等内容,合理进行新建项目的交通组织与规划,避免重复建设。

在满足建设项目自身停车配建指标的同时,应结合上位交通规划中停车发展策略、需求预测、社会停车设施规划等内容,加强停车设施在配建指标、布局规划、交通组织、停车管理等方面的高标准规划,提倡与社会停车共建共享,大力倡导低碳出行方式。在轨道交通和公共汽、电车重要枢纽点,规划建设和发展公共自行车租赁点。整理和畅通居住区与社区巴士站点之间的非机动

车和步行系统。场地交通设计应处理好区域交通与内部交通网络之间的关系,场地附近应有便利的公共交通系统;规划建设用地内应设置便捷的自行车停车设施;交通规划设计应遵循环保原则。

优先发展公共交通是缓解城市交通拥堵问题的重要措施,因此建筑与公共交通联系的便捷程度很重要。为便于选择公共交通出行,在场地规划中应重视建筑场地与公共交通站点的便捷联系,合理设置出入口。

A1-1-5 　　　　　　　　　　　策划规划

综合分析市政基础设施规划,充分利用市政基础设施资源

充分利用场地及周边已有的市政基础设施和绿色基础设施,减少基础设施的重复投入。市政基础设施包括供水、供电、供气、供热、通信、道路交通和污水、雨水、环卫等基本市政条件。根据上位市政基础设施专项规划,首先要结合项目规模及容量需求复核市政基础设施各项系统、布置、容量供给、主要设施,研究分析项目需求与周边市政资源的相互对接,实现资源能源的高效配置。

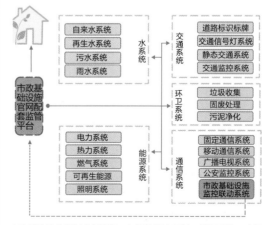

市政基础设施规划分析框架:包括协调水系统、能源系统、交通系统、环卫系统、通信系统的五大灰色基础设施。

A1-2
研究生态本底

生态本底调研前，应制定详细的调研计划及技术路线。生态环境要素包括场地及周边地上附着物、地形地貌、地表植被、地表水文、土壤环境等，生态环境同时受气候条件、空气质量、污染源等影响。我国目前总体生态环境在恶化，主要面临水土流失、大气污染、植被破坏严重、生态承载力弱化甚至被破坏等问题，因此在建设项目的策划规划之初应该深入了解建设场地生态环境诸多要素，提出对应性建设策略，做到首先不破坏当地生态环境，并尽可能进行局部恢复和改善。

A1-2-1 策划规划
对场地现状及周边实体现状进行调研，包括地上附着物、地形地貌、地表水文等要素

对项目现场及周边环境的调研，应预先列出调研大纲，并根据大纲逐一落实。

1. 调研场地内已有建筑物的使用功能、结构现状、历史文化背景、与新建建筑的相对关系等，为其是否拆解消纳或改造再利用提供基本信息。

2. 调研已有构筑物（如机井、暗渠、高压电缆及各种市政隐蔽工程）的位置、现状、规划退让条件等资料，保证场地规划布局的可实施性。

3. 地表植被是指场地地面所覆盖的植物群落，与当地的气候、土壤等因素有较大的相关性，不仅具有地域特色，也有助于水土保持。在设计过程中，既要考虑通过引入人工植被来增加地表植被覆盖率，也要考虑通过生态修复的方式保护及恢复当地的自然植被及生态系统。

4. 调研土壤中是否存在有毒、有害物质（如氨、氡），以及地温、地磁、地下水等因素，以确定是否适宜建造建筑物或需要采取改良、改造措施。

5. 充分了解建设场地范围内与城市相连接的能源设施、供水排水设施、交通设施、邮电通信设施、防灾设施等工程性基础设施，在设计中可以结合新建项目的能源需求，决定对其加以隔离或融合。

6. 通过搜集现状地形图、现场调研等方式，充分了解和掌握现状场地地势、地貌，采取对环境最小干预的原则，因势利导、因地就势，结合地形地貌进行场地设计与建筑布局，既可减少土方浪费、节省施工造价，又有利于保持水土和生态资源的平衡，综合提升生态、景观、经济及社会效益。

7. 地表水文是指场地及周边的自然面层结构，包括山、水、岸、湿地等元素。通过调研各元素的相对位置关系及各元素的自身特征，如山势坡度、水体岸线、历年洪水水位等信息，有利于确定绿色建筑的综合选址和朝向布局，确保场地无洪涝、滑坡、泥石流等自然灾害的威胁。

对场地现状及周边气候环境进行调研，包含气候条件、空气质量、污染源等要素

"气候条件"既包括建设地点的宏观气象条件，如气候分区、降雨量等气象参数，也包括场地周边的局部微观气候条件，如温度、湿度、风向风速、日照等指标。这些指标与地区气候参数有较大的差异。在设计中，可以根据需要，应用计算机软件对风环境、日照环境等进行模拟，从而提供更有针对性的设计参考指标。

"空气质量"包括空气流动质量以及空气的洁净程度，反映了人们对环境的要求程度，包括物理性指标（如温度、湿度、风速、新风量等）、化学性指标（如甲醛、苯、PM2.5等）以及生物性指标（如室内空气菌落总数）三项。场地周边的空气质量对建筑物的室内空气质量有着直接的影响，可以在设计中针对不足部分加以优化提升。

"污染源"是指场地内不应存在未达标排放或者超标排放的气态、液态或固态的污染源，还有场地周边已存在的永久性光污染、噪声源等。例如，易产生噪声的运动和营业场所、油烟未达标排放的厨房、煤气或工业废气超标排放的燃煤锅炉房、污染物排放超标的垃圾堆等。

地上附着物	地形地貌分析	地表水文分析
气候条件分析	空气质量分析	污染源分析

对场地生态现状及周边生物多样性、生态斑块及廊道进行调研

"生物多样性"是一个描述自然界多样性程度的一个内容广泛的概念，具体到项目建设的场地内，需要调研现状场地内的原生动物、植物、微生物的种类和数量。区域物种多样性的测量有以下三个指标：物种总数、物种密度、特有物种比例。

"斑块"是指与周围环境在外貌或性质上不同，但又具有一定内部均质性的空间部分。其大小、类型、形状、边界、位置、数目、动态以及内部均质程度对生物多样性保护都有特定的生态学意义。

"廊道"是指与环境基质有明显不同的狭带状地，是具有通道或屏障功能的景观要素，是联系斑块的重要桥梁和纽带。

对场地现状及周边古建筑、古树进行历史遗产保护专项调研

最小距离

对项目场地内的古建筑进行调研，确定古建筑的位置、体量、年代、建筑风格等要素，进而报相关审批和保护部门确定该古建筑的保护等级，确定需要采取的工程措施和设计方案。

对于古树名木，需通过现场细致的调研，确定场地内的植物是否存有法定意义上的古树名木以及其他具有历史感和景观效果的树木，确定其品种、树龄等基础信息，依照《城市古树名木保护管理办法》的分级，确定场地内古树名木的保护等级和保护措施。

A1-2-5 策划规划
对场地周边光环境敏感区进行调研分析，综合评定建设强度与高度

对场地周边光环境敏感区进行调研分析，通过对场地周边现状环境进行日照和光照分析，得出周边环境对场地造成光污染的区域，例如周边建筑玻璃幕墙的反射光污染、城市广场镜面水池的反射光污染、城市雕塑的反射光污染等。对现状的夜景照明情况进行细致调研和评估，明确强夜景照明区域，例如广场高杆灯和射灯、城市主干道路灯等。筛选出周边对光污染敏感的区域和场地，例如城市广场、医院、学校等。

新建建筑内部功能布置，应将静谧空间布置在远离光污染的区域，休憩空间布置在远离夜晚强照明的区域。同时，对新建建筑的体量、造型和外立面装饰材料应进行细致推敲，控制场地内夜景照明的体量，避免对场地周边光污染敏感区域造成影响。

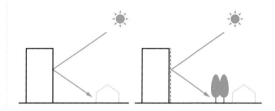

A1-3
构建区域海绵

"海绵城市"是指城市能够像海绵一样，在适应环境变化和应对自然灾害等方面具有良好的"弹性"，下雨时吸水、蓄水、渗水、净水，需要时将蓄存的水"释放"并加以利用。海绵城市建设应遵循生态优先等原则，将自然途径与人工措施相结合，在确保城市排水防涝安全的前提下，最大限度地实现雨水在城市区域积存、渗透和净化，促进雨水资源的利用和生态环境保护[11]。建筑师应统筹总体的框架系统，塑造体系化建设。

A1-3-1 方案设计
通过对场地环境要素的组织，搭建水循环与海绵生态框架

充分利用场地内各空间元素，包括建筑屋顶花园、透水铺装、下沉绿地、景观水体等，构建水循环生态系统，加强对雨水的吸纳、储蓄和缓

释作用，有效控制雨水径流，实现自然积存、自然渗透、自然净化。衔接和引导屋面雨水及道路雨水进入场地生态系统，并采取相应的径流污染控制措施，控制雨水径流量。

A1-3-2 方案设计
场地开发应遵循 LID[①] 的原则，灰绿结合，进行保护性高效开发

开发建设应尽可能保护原有水文特征，加强对区域河湖、湿地、池塘、溪流等水体自然形态的保护，禁止填湖（河）造地、河道硬化、截弯取直等，保护自然生态排水系统的完整性。

在城市建设中优先采用具有渗透、调蓄、净化等"海绵"功能的雨水源头控制和综合利用设施，提高"绿色"基础设施建设比例，充分发挥建筑、道路、绿地、景观水系等生态系统对雨水的吸纳、蓄渗和缓释作用，有效控制雨水径流，实现自然积存、自然渗透、自然净化。对于场地自然渗透和调蓄不了的超标雨水，采用雨水管道、雨水调蓄池、生物滞留池等设施进行转输、储存和净化。

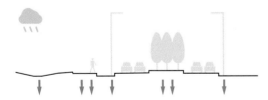

A1-3-3 方案设计
应对雨水的年径流总量、峰值及雨水污染物进行有效控制，不对外部雨水管道造成压力

根据现状条件、发展需求，结合现状本底指标，应确定区域海绵城市建设控制目标，一般包括径流总量控制、径流峰值控制、径流污染控制、雨水资源化利用等。目标的制定要针对每个城市不同场地的不同特点，各地应结合水环境现状、水文地质条件等特点，合理选择其中一项或多项目标作为规划控制目标。

传统快排模式，80%以上雨水年径流流量外排。海绵城市彻底改变以往"快速排放"的传统排水模式，将此值降到40%以下，提倡降水地下渗透、储存调节、水体修复等循环综合利用，依靠城市自然环境综合利用各种措施吸收、储存大气降水和地下水，进而缓解城市的内涝问题。

通过海绵城市建设，充分发挥"海绵"设施迟滞洪峰、调蓄雨量的作用，达到一定量的雨水量不外排的目标，同时削减径流污染物，不对外部设施造成超负荷压力，这是海绵城市建设要达到的最明显的目标和效果。

A1-3-4 方案设计
减少硬质下垫面面积，使场地径流系数开发后不大于开发前

地表径流系数指的是同一时间段内流域面积上的径流深度（mm）与降水量（mm）的比值。随着城市建设的快速扩张，原有场地的硬质化覆盖率发生了极大变化，城市化过程中不透水层的形成，导致城市区域雨水下渗与蒸发的显著减少，使同强度暴雨形成的地表径流和径流总量增大，使地表径流系数增大。

---

① Low Impact Development 低影响开发

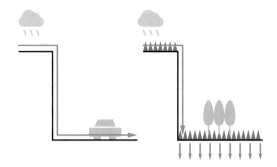

开发时应根据降雨规律、下垫面组成、地下水位、土壤渗透条件等分析建设场地范围内的径流系数，在场地内尽量减少硬质铺装，通过提高水面率，增加绿地、透水铺装、绿色屋顶等措施，保证开发后场地径流系数不大于开发前。

A1-4
利用本地资源

针对本地资源充分利用，可以分为两个部分：一是不可再生资源，充分地用，节约地用；二是可再生、可循环资源，优先地用，合理地用。在这里可再生资源利用，主要讨论可再生能源的综合利用。我国资源丰富，种类繁多，但人均资源占有量较低，且各地资源分布情况不够均衡。故各地区建设绿色建筑时应首先考察本地资源情况，最大限度地利用好本地资源，发挥本地优势资源在绿色建筑中的作用，充分为之服务，实现本地资源的综合利用，做到因地制宜，充分利用，节能降耗。分析本地资源时，应全面分析，多种资源综合利用，优先利用可再生能源作为绿色建筑的主要能源。

A1-4-1　　　　　　　策划规划
对场地内既有的建筑设施通过评估进行最大化利用，减小拆改重建

对场地内既有的建筑设施进行评估，寻求最大化的利用可能，是从根源上节约资源，减少环境污染排放的有效措施。既有建筑设施再利用包括修复性再利用、适应性再利用、重构性再利用等不同程度的改造方式，需要对既有建筑进行综合评估（包括生态价值的评估、历史文化价值的评估、经济可行性的评估和社会效益的评估），检测与鉴定（包括建筑结构检测鉴定与基础设施检测鉴定）根据前期评价与测定的结果（如建筑结构承载力与投资预算）确定改造力度，最后明确改造策略（如垂直叠合、水平附加、表层重构、空间重塑等）。

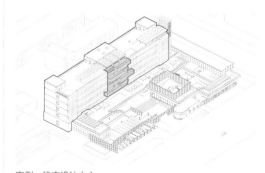

案例：雄安设计中心
设计100%保留了原有生产车间的主体结构与空间利用模式，仅在外立面进行了局部开敞阳台空间改造，相较于拆除重建的开发方案，减少了4.5万m³工程量。

A1-4-2 策划规划

根据场地环境特点提出可再生能源总体循环方案

    利用本地资源应首先从可再生能源入手，考察当地可再生能源情况，分析其利用价值，综合评定利用效益，进而制定可再生能源总体循环方案，为可再生能源综合利用指明方向。可再生能源种类有很多，应根据区域环境特点有针对性地提出可再生能源总体循环方案。此部分需对当地资源政策进行充分解读，然后指导整体项目合理利用资源，有效控制能耗的重点，需着重加以关注。

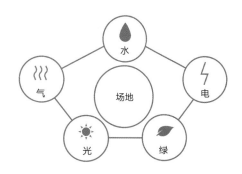

A1-4-3 方案设计

对该地区太阳能收集与利用情况进行评估

    在绿色建筑建设初期需考虑当地太阳辐射强度参数。太阳能的分布与纬度高低有密切的关系，年太阳总辐射量由赤道到极地递减，低纬度日照充沛地区鼓励使用。除此之外，地表实际获得太阳辐射的多少还与大气的削弱作用有关，在进行应用时，需结合当地情况，具体分析。在建设绿色建筑时，如当地太阳能资源充足，可首先考虑在建筑立面及屋顶收集太阳能进行利用，当单体由于功能和造型方面不能直接利用太阳能时，在用电、用热接口处也应该优先考虑预留由太阳能生产的能源接口。

A1-4-4 方案设计

对该地区风能利用情况进行评估

    风能是一种重要的自然能源，可利用的风能比地球上可开发利用的水能总量还要大10倍。目前东南沿海是最大风能资源区，主要以风力发电为主。在空旷地区利用风能发电不仅能够生产清洁的能源，同时还可以削弱风速，减少冬春季节浮尘天气，鼓励在季风条件恒定地区使用风能。利用风能也和利用太阳能一样，绿色建筑在自身设计时优先考虑综合利用风能，如没有条件利用却又处在风资源充沛区域，则预留由风能生产的能源接口。

A1-4-5 方案设计

对该地区雨水收集循环利用进行评估

    在降雨充沛、雨季较长地区，鼓励绿色建筑在场地规划时，结合建筑及场地的供水需求和雨水降雨规律，考虑雨水的收集及循环利用方案，并充分考虑雨水收集的经济性，在技术经济可靠的前提下，利用技术措施有效地收集雨水，根据不同的用途，经过处理后循环利用。这不仅能够缓解管网的输水压力，同时还能将宝贵的水资源重复、循环利用，力求实现"海绵场地"。

A1-4-6

研究本地传统建筑，挖掘属地材料与工艺建造方式

　　"属地材料"包括：建设地固有的因天然环境形成的本土性建筑材料，如黏土、竹子、麦秸、木材、石材；本地（500km范围以内）生产的建筑材料；原有建筑的拆解再利用或遗存材料。

　　"传统建造工艺"蕴含了属地人民长久积累的建造智慧，包括当地传统手工建造技术与建造语汇。在选材与工艺选择上如果能够做到因地制宜，就地取材，可以大幅降低工程造价，同时延续地域特色的传统文化，赋予建筑物独特的属地特征。

本地材料

注释
[1]住房和城乡建设部. 海绵城市建设技术指南——低影响开发雨水系统构建（试行）. 2014.

方法拓展栏

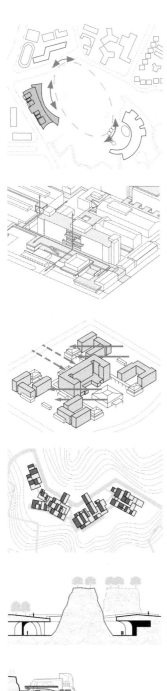

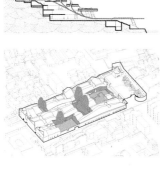

A2

总体布局

项目 中信金陵酒店   摄影 张广源

A2

总体布局

A2-1

利用地形地貌

建筑设计与当地自然地理环境相协调，建筑群体布置、高度轮廓、材料色彩等要素与本土山水林田等生态环境相融合，建筑选址、方位布局、流线关系等要素顺应地形高差变化，合理利用地形地貌的积极要素，降低建筑施工和运行维护对周边自然环境的影响，营造丰富的建筑内外部空间形态，形成绿色宜居的建成环境和与场地地形相契合的建筑风貌。

A2-1-1   策划规划

借助场地原有地势的高差变化组织建筑布局

建筑形态依山就势，尽可能减少对自然地形的影响，使建筑与场地有机结合。采取底层架空、覆土嵌入等方式，计算土方量，减少填挖方对自然环境的影响。保护场地内古树名木、河流水体，使建筑体量与山林、水体、田野等自然环境相融合。建筑可利用不同标高与场地建立有机联系。

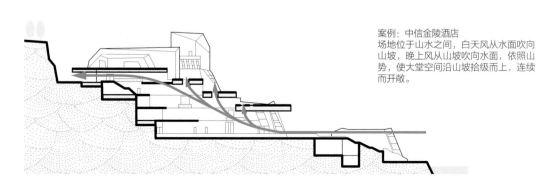

案例：中信金陵酒店
场地位于山水之间，白天风从水面吹向山坡，晚上风从山坡吹向水面，依照山势，使大堂空间沿山坡拾级而上，连续而开敞。

A2-1-2 策划规划

利用场地原有水系组织建筑布局

利用场地原有水系，有利于保护场地已有的生态环境。注重现场的生态价值与生态特征保护，保留场址内的河流和湿地，削减建设对自然生态造成的负面影响。除保护生态方面的意义外，利用场地已有水系，还具有缓解热岛效应、减小环境负荷的功能。在全面分析既有生态系统的基础上，作为后续设计的线索，建立建筑单体与景观及周边环境的关系，延续自然脉络。

案例：益阳市民文化中心
项目坐落在湖南省益阳市梓山湖畔，采用沿河道、山脊布置的线性布局，尝试结合场地的景观特点，将建筑融入山的场景中，延续梓山湖南岸的山水脉络。

A2-1-3 策划规划

选择城市棕地进行再生利用

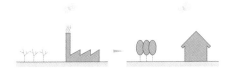

棕地是指已开发、利用过并已废弃的土地。对城市棕地的清理整治与再利用，是城市可持续发展的必然。棕地经过治理后，可以被开发成各种用途的土地。

对原有的工业用地、垃圾填埋场等可能存在健康安全隐患的场地，进行土壤化学污染检测与再利用评估。根据场地及周边地区环境影响评估和全寿命期成本评价，采取场地改造或土壤修复等措施，修复后的场地应符合国家相关标准的要求。

A2-1-4 方案设计

尽可能将建筑功能集约成组布置，释放更多的土地，还土地于自然

场地布局初始阶段应本着土地集约化利用原则，将相似或关联功能尽可能集中成组布置，保留释放相对完整的自然区域，提高生态环境品质的同时，也有利于后期的二次开发建设。

案例：北京电影学院怀柔校区
方案布局根据功能相近原则分为教学、活动、服务三大组团，三组团集约布置确保内部的高效联系，同时集约式的布局也释放出北部完整的绿化景观用地，确保环境的生态品质。

A2-1-5 方案设计
保留场地原生树木展开建筑布局

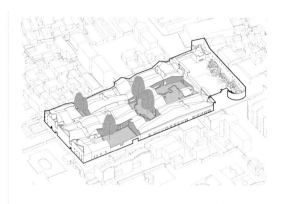

应对场地内有价值的树木进行保护,特别是树龄10年以上,或者树干直径超过100mm的树木。必要时建筑布局应避让开保护古木,并在场地内应种植本地植物,种植对当地野生动物有吸引力或有益的植物。

案例:绩溪博物馆
整体布局中根据场地原生树木点位设置庭院,保留下了包括一株700年树龄的古槐在内部的全部古树。

A2-2
顺应生态廊道

城市中生态廊道的连续性对总体的生态系统至关重要,具有保护生物多样性、过滤污染物、防止水土流失、防风固沙、调控洪水等多种功能。绿色设计应该借助生态廊道展开建筑的布局设计,并利用其创造更多的开放性共享空间。

A2-2-1 策划规划
保持城市生态廊道的连续性,依据生态廊道展开建筑布局与交通联系

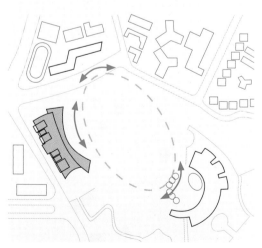

城市生态廊道是城市绿地格网的重要组成部分。建筑的布局应尽可能地保证廊道的连通性,提升生态斑块之间的连接度,改善景观的破碎化程度。建筑及道路布局应保持场地内基质的连续性。

案例:海口市民游客中心
公园内原有界面破碎,新建建筑体量沿着湖边一隅处布置条状体量,退让出公园主体,与其他几栋重点建筑共同塑造滨湖界面。

A2-2-2　方案设计
围绕生态廊道营造开放性功能活动空间

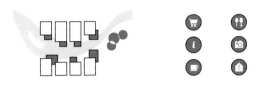

在生态廊道内复合内设服务功能、人行步道、自行车道等服务休闲设施，围绕生态廊道营造开放性活动空间。

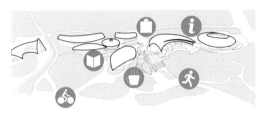

案例：益阳市民文化中心
项目在外围景观空间内置入慢跑、咖啡、书吧、商业服务等休闲功能。

A2-2-3　方案设计
对现状环境有良好生态效益和景观效果的生态斑块和生态廊道进行保留、保护与修复，减少人为的干预

原有场地中的斑块间物种、营养物质、能量的交换和基因的交换都应得到重视，设计尽量以最大限度地保留其自然原生状态、减少人为的干预和影响为原则，并可以基于此创造出新的建筑规划方式。

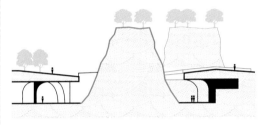

案例：广阳岛大河文明博物馆
基地内留有采石过程中遗留的生态土堆，新建博物馆将土堆原位保留下来，并围绕其布置半室外展陈空间。

A2-3
适应气候条件

为适应气候条件，场地的建筑布局应在节约用地的前提下，冬季争取较多的日照，夏季避免过多的日照，并有利于形成自然通风。建筑朝向应结合各种设计条件，因地制宜地确定合理的范围，以满足生产和生活的需求。根据场地的微气候条件，确定建筑形体朝向和建筑群体的布局方式。

A2-3-1　方案设计
建筑布局应结合气候特征，分析确定最佳的建筑朝向及比例

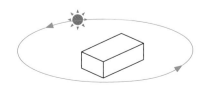

我国五大气候区内气候差异较大，日照条件与太阳高度角也存在着较大差幅，为提供设计范围内单元建筑采光通风的均好性，规避西晒、冬季冷风等极端环境影响，建筑布局应根据所在地的具体区域气候条件进行特征分析，通过建筑朝向与比例关系的调整获得人居环境的提升。

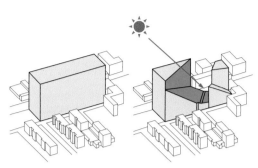

案例：中国建筑设计院创新科研示范中心
设计根据周边住区的日照需求，对形体进行反向切削，以获得
最小的日照遮挡影响。

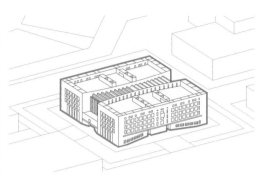

案例：东北大学浑南校区图书馆
项目位于严寒地区，设计最大限度地进行体形收缩，同时门
窗口内收，保证充足采光的同时尽量减少与室外冷空气的热
交换。

A2-3-2   方案设计

严寒地区建筑布局优先关注冬季防风保温与全年采光效果

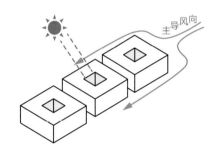

我国严寒地区具有冬季严寒漫长、夏季温热短暂、过渡季节短促等特征。该地区应重点解决防寒、保温、排雪、防冻害等关键技术问题。建筑适宜朝向为南向或接近南向，不宜朝向为西向和西北向；建筑朝向和间距应充分考虑太阳能利用的潜力，可利用南侧阳光间和采光中庭增加白天得热，并获得良好采光效果。

选择建筑基地时，基地不宜选在山顶、山脊，更要避开隘口地形。建筑总体布局应有利于冬季避风。建筑长轴应避免与当地冬季主导风向正交，或尽量减少冬季主导风向与建筑物长边的入射角度，以避开冬季寒流方向，争取避免建筑外表面大面积朝向冬季主导风向。

A2-3-3   方案设计

寒冷地区建筑布局应兼顾冬季防寒与夏季通风，并关注日照采光

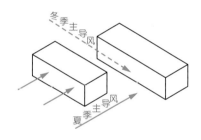

我国寒冷地区具有冬季漫长严寒、夏季炎热多雨等气候特征，该地区的高效供暖与制冷需求相近，应以延长过渡季为关键降耗手段。为了尽量减少风压对房间气温的影响，建筑物尽量避免迎向当地冬季的主导风向。

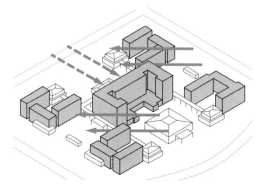

案例：通州行政中心办公楼
设计采用院落式布局，中间围合公共活动绿地，配合建筑高度
及院落尺度设定，积极回应了建筑光环境、风环境，以及管理
独立性等问题。

A2-3-4 方案设计

夏热冬冷地区建筑布局优先关注夏季通风防热，冬季适当防寒

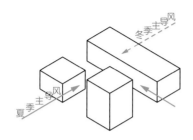

夏热冬冷地区具有夏季闷热高湿、冬季阴冷潮湿的特征。在设计中需要取得保温与隔热、日照与遮阳、通风与除湿的有效平衡，夏季以防热、通风降温为主，兼顾冬季防寒。在夏季及过渡季节充分有效利用自然通风，适当考虑冬季防止冷风渗透。由于冬夏两季主导风向不同，建筑群体的选址和规划布局需要协调，在防风和通风之间取得平衡。可利用计算机模拟软件，辅助计算建筑最佳朝向方位。居住建筑尽量避免纯朝西户型的出现，并组织好穿堂风，利用晚间通风带走室内余热。

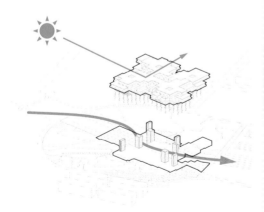

案例：江苏省建筑职业技术学院图书馆
建筑底层采用架空方式促进气流流通同时防潮，顶部向外生长的形体为底部活动空间遮挡光线。

A2-3-5 方案设计

夏热冬暖地区建筑布局优先关注夏季通风防雨，抵御日照强辐射

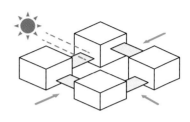

夏热冬暖地区的特征为夏季漫长、冬季寒冷时间很短，甚至几乎没有冬季，长年气温高而且湿度大，气温的年较差和日较差都小，日照时间长、太阳辐射强。夏热冬暖地区的建筑设计需要解决通风散热、环境降温、防雨防晒、防台风等关键问题。

建筑群体布局以及单体内部空间的平面和剖面设计都要综合考虑，同时满足两种通风形式的气流组织特点，以获得综合最大化的自然通风效果。在通风条件良好时，需设计舒展、多凹凸、多空隙、体形系数大的建筑形体。

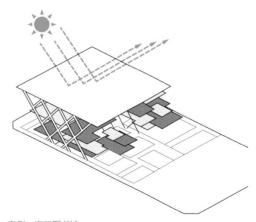

案例：海口图书馆
海南地区日照强烈，海口图书馆项目利用大屋檐对底部室内阅读空间与室外的活动平台形成全覆盖的遮阳效果。

A2-3-6   方案设计

温和地区建筑布局应充分利用被动式技术使用的条件优势

温和地区处于东亚季风和南亚季风交汇处，西北又受青藏高原影响，形成了复杂多样的气候条件。温和地区有全年室外太阳辐射强、昼夜温差大、夏季日平均温度不高、冬季寒冷时间短且气温不极端的特征。被动式太阳能利用宜选用直接受益式的太阳房，朝向宜在正南±30°的区间。

A2-3-7   方案设计

借助建筑与生态环境交融，营造场地微气候

利用建筑自身形态的起伏、自遮挡，实现建筑的自然通风、采光、遮阳。利用屋顶、中庭、庭院、水面、立体绿化等设计，改善区域微气候。

A2-3-8   方案设计

基于场地热环境修正建筑布局

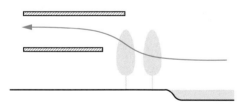

在地形地貌、气候条件的基础上，进行场地热环境的模拟并进行布局优化。建筑布局方式、建筑密度、绿地情况、水景设施等是影响场地热环境的主要因素。

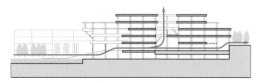

案例：江苏省建筑职业技术学院图书馆
外部气流经场地北侧湖面水体降温后进入内部，夏季提供舒适的半室外中庭空间。

A2-3-9   方案设计

基于场地风环境修正建筑布局

建筑中应尽可能采用自然通风，以减少能耗，节约投资。设计中利用大地、绿化、水、太阳辐射等要素降低或升高气流温度。建筑单体设计时，在场地风环境分析的基础上，通过调整建筑长宽高比例，使建筑迎风面压力合理分布，避免背风面形成涡旋区，可通过改变建筑形体，如合理设计底层架空或空中花园来改善后排建筑的通风。

A2-3-10   方案设计

基于场地噪声环境分析优化建筑布局

进行场地设计时，结合现状考虑建筑的合理布局和间距。平面布置应动静分区，合理组织房屋朝向，利用构筑物、微地形、绿化配置、住宅与道路之间的夹角等元素降噪；利用建筑裙房或底层凸出设计等遮挡沿路交通噪声。为避免交通噪声干扰，面向交通主干道的建筑面宽不宜过宽。

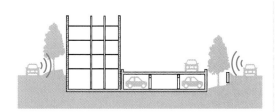

案例：北京万科蓝山半地下景观车库

A2-3-11 技术深化
使用树木、围栏或邻近建筑物作为风的屏障

利用树木、围栏或邻近的建筑物作为风的屏障改善场地的风环境。特别是选用植物作为屏障，可以阻挡风、雪、灰尘、刺激性气体，同时有助于控制噪声，也可以作为视线遮挡。

A2-3-12 技术深化
多层级绿化体系规避热岛效应

多层级立体绿化是增加场地绿色植物总量、提升景观舒适度、丰富绿化景观界面重要而有效的方式。运用立体绿化不仅丰富室外环境绿化的空间结构层次，而且增强了景观环境的观赏艺术效果。通过增加绿量，减少室外环境局地热岛效应、吸尘、减少噪声及有害气体，从而改善提升室外环境舒适度。不同的立体绿化形式产生不同的功效，如对墙体的保温隔热，从而节约建筑能源。

A2-3-13 技术深化
室外露天场地设置遮阴绿植或设施，减少热岛效应

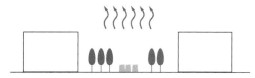

室外环境绿地的降温效应，对降低热岛强度起着非常重要的作用。绿地植物对城市的温度、湿度具有明显的调节作用，其调节能力的大小与绿地的立体空间结构和植物的平面布局有关。一般认为乔灌草相结合的复合结构绿地，其生态效应明显优于单一以及双层结构的绿地。

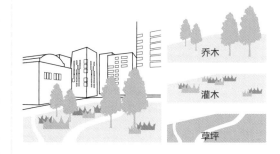

A2-4
建立生长模式

在建筑布局中建立起有机的生长模式，有效地利用土地。建筑布局应该灵活且富有弹性，为未来的发展提供更多的可能性与拓展空间。

大尺度规划时采用生长型组团分期扩张的策略

在乡村和城市边缘地区进行规划建设时，应以最大限度地保护自然和田园环境为目的，通过有机生长规划的模式进行建筑布局。

案例：蔓藤城市（崔愷院士草图）

以脉络化的公共共享空间串联未来的业态发展

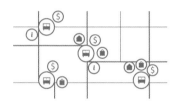

规划设计应通过协调和控制场地开发强度，并采用适宜的资源利用技术，满足场地和建筑的绿色目标与可持续运营的要求。用地功能布局应遵守统筹、紧凑、职住均衡发展原则，鼓励居住用地和商业服务业设施用地功能混合布局，城市综合公共服务中心应安排在轨道交通站点周边，商业、零售等功能宜结合公交站点周边设置。

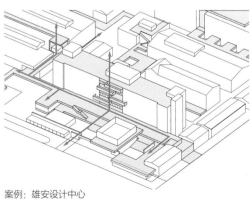

案例：雄安设计中心
改造设计通过连续的檐廊与平台串连起新旧公共空间，以线带面激发园区的整体活力。

A2-4-3 方案设计
拓扑标准的功能单元母题展开建筑布局

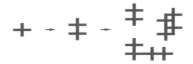

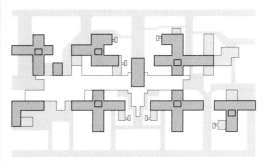

案例：雄安市民服务中心临时办公区
项目以装配式箱型母体构成十字单元，通过生长、错位、围合等手法营造丰富的形体关系与空间体验。

    用一两种空间基本形为基本母题，进行排列组合，可使空间简洁、明晰、富于节奏感，增加空间的整体性和统一感。同时，在建筑布局的层面，为建筑的工业化和多样化寻找平衡，使其易于工业化生产和建造，又避免了空间的单调和枯燥。

A2-5
优化交通系统

场地交通含人流和车流两个方面，是场地内外活动、人车出行的重要载体。场地设施是指在场地中为满足某类功能需要而建立的一个系统工程，含工程管线、活动设施、交通设施等。如同人体的骨骼和血液一样，交通与设施支撑着建筑和场地的各种功能需求，同时又直接产生不同的体验感受。利用场地条件，结合建筑功能，可有效优化交通组织，实现人性化设计，营造适宜的空间场所。

A2-5-1 策划规划
分析周边公共交通条件，建立最快捷接驳方式

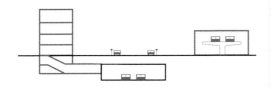

    公共交通泛指向大众开放、提供运输服务的交通方式。鼓励公共交通出行可以减少城市碳排量、促进居民锻炼与健康。在场地出入口设计时应分别考虑人行和车行的不同需求进行交通组织。人行出入口应主动靠近公交站点，设置公共交通停车等候区，满足快捷的人行出入及公交出行需求。机动车出入口则应远离公交站点，并设置隔离疏导设施，避免交叉干扰，保证公共交通及人行安全。

A2-5-2 策划规划

根据周边建筑道路进出高程，设置立体化步行系统

立体步行系统是步行通道在空中、地下和地面等多向度相互连接而形成的行人步行网络。在场地内外高差较大、周边道路坡度较大的条件下，巧妙利用场地高差，可实现建筑不同楼层、不同标高与不同方向城市道路的衔接，分别串联城市道路及公共空间，形成立体化步行系统，既方便通行，也将建筑空间与城市公共空间融为一体。

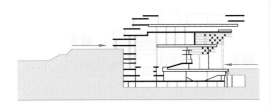

案例：重庆国泰艺术中心
项目周边高差关系复杂，设计基于周边的市政道路、商业平台、自然山体设置不同标高的室外步行平台，引导人群从不同层级进入室内

A2-5-3 方案设计

倡导人车分流的复合型交通体体系

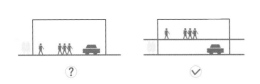

立体层面上的人车分流是缓解人行交通与车行交通矛盾的有效方法。通过竖向交通设计，将人流和车流分布在不同标高层，可以有效避免拥挤和混乱，为行人提供便捷安全的步行交通环境，也使不同标高面上的机动车交通更为高效有

序，特别在体育、观演、大型综合体等人流量大、车流量集中的大型建筑设计中，更为重要。在居住建筑中，为营造更好的居住环境，也常常使用人车分流的交通组织方式。

A2-5-4 方案设计

鼓励公共建筑多首层进入方式，提升建筑使用效率

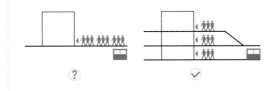

公共建筑首层是建筑的重要城市界面，也是人流、车流进入建筑空间的主要通道。多首层设计结合建筑功能和周边场地条件，在不同建筑标高设置建筑出入口，将公交枢纽、广场、绿地、公园等城市活动空间与公共建筑空间有机联系起来，形成空中层、地面层和地下层等多首层进入方式，促进办公、居住、商业、娱乐及文化等功能高度集聚，提高建筑使用效率，提升建筑的商业价值。

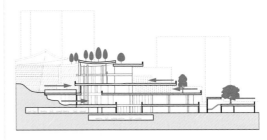

案例：南安市民中心
项目依附于场地中心的山体而建，多平台系统成为连接底层市政广场与上层自然山体的"连接枢纽"，并基于不同建筑标高设置多层次的建筑进出口。

A2-5-5 技术深化

鼓励电动共享汽车的应用代替大规模小汽车停车场的设置

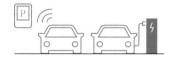

绿色交通可有效减低交通拥挤，降低环境污染，促进社会公平，节省建设维护费用。设置电动汽车车位，加设充电桩、共享车位等设计方法，可以有效地促进引导绿色交通行为。2015年国务院办公厅发布《关于加快电动汽车充电基础设施建设的指导意见》文件，推动电动汽车充电基础设施建设。

共享停车位设置是把固定车位流动化管理，通过智能化系统，将车位需求者与车位提供者智能连接，分时分区提供不同需求使用，提高车位使用效率。通过盘活存量车位的方法，可有效减少车位设置，践行绿色交通理念。

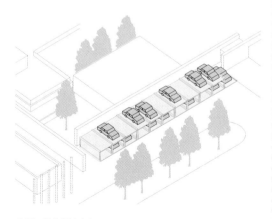

案例：雄安设计中心
项目积极响应雄安新区推行共享交通的出行方式，不再集中设置供私家燃油车停放的停车场，取而代之的是提供园区线上租赁、即充即用的共享电动车及充电桩位。

A2-5-6 技术深化

采用立体式机械停车，对停车空间占用进行优化

立体式机械停车可提高单位用地停车效率，有效减少停车场占用的面积。在设计中应优化停车空间，大型停车库布置在机动车集中出入口附近，方便使用和管理，减少对人流活动的影响。利用场地边角用地、日照不良用地、防护隔离用地等，可因地制宜灵活布置小型机械停车设施，有效利用场地资源。采用底层架空方式，可以和室外公共空间设计相结合。

A2-5-7 方案设计

场地设施人性化设计，提高使用品质

场地设施是指在场地中为满足某类功能需要而建立的一个系统，包含工程管线、活动设施、交通设施等。这些场地设施在提供服务功能的同时，也会占用场地的景观资源，并且直接影响使用者的体验和感受，在设计中应该作人性化的考虑，实现安全、方便的使用。管线检查井、雨水口、设备吊装孔等应避让人员活动聚集的区域；室外变配电箱、通风井等设备设施应结合景观设计做遮挡或美化；无障碍停车、无障碍坡道与无障碍入口、室内无障碍设施应系统化设计。

A2-6
利用地下空间

城市地下空间具有稳定性高、隔离性好、防护性强的特点，对其进行适当的开发利用，有利于节约土地资源、缓解交通矛盾、改善建成环境、提高防灾能力。

A2-6-1 策划规划
高层建筑提倡高强度开发利用地下空间

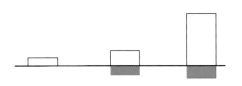

开发地下空间的必要性因城市不同区位的土地价值不同而有所差异；有些地区的地质条件不利，地下空间开发会因此增加很多投资并带来安全隐患；高层建筑一般具备利用地下空间的条件，而多层和低层建筑利用地下空间的经济成本较高。

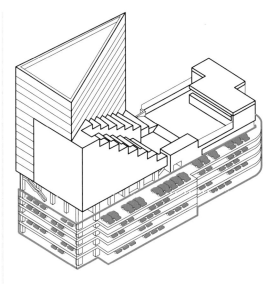

案例：中国建筑设计院科研创新示范中心
项目最大化利用建筑覆盖区域地下空间，集中建设的地下办公停车场夜间还兼作周边社区停车场使用，使用效率大大提高。

A2-6-2 策划规划
地下空间利用优先选择地上主体建筑基础覆盖区域

地下空间应减少非主体区域的外扩占用，集中使用地上主体建筑覆盖区域进行修建。

A2-6-3 方案设计
通过半室外生态化等处理方式优化地下空间自然品质

利用地下空间应结合实际情况，处理好地下室入口与地面的有机联系，以及通风、防火及防渗漏等问题。

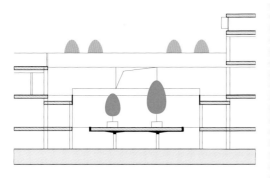

案例：深圳幸福之家养老院
项目通过中心下沉庭院的设置为地下停车库增加采光，优化地库进入建筑人群的环境体验感。

对不需自然采光通风的功能性空间优选设置在地下

在条件允许的情况下，充分考虑地下空间多功能利用的可能性，包括停车库、商业、服务用房、设备用房等，并在建筑荷载、空间高度、水、电、空调通风等配套上考虑预留适当的条件。

A2-7
整合竖向设计

根据建设项目的使用功能要求，结合场地的自然地形特点、平面功能布局与施工技术条件，对场地地面及建、构筑物等的高程作出的设计与安排，称为竖向设计。竖向设计中须综合协调场地自然条件与各类活动需求功能的双向限定因素，不是简单的单一标准设计，而是基于场地条件与功能需求的整合设计。

A2-7-1   策划规划

根据建筑功能不同选择适宜场地

竖向建设用地的选择，应充分考虑竖向规划的要求，因而场地竖向规划应与用地选择和用地布局同时进行。首先是基于建筑功能，选择合适的场地，并基于场地条件，进行合理的竖向设计规划。

城镇中心区用地应选择地质、排水防涝及防洪条件较好且相对平坦完整的用地，自然地形坡度宜小于20%；居住用地宜选择向阳、通风条件好的用地，自然地形坡度宜小于25%；乡村建设用地宜结合地形，因地制宜，在保证场地安全的前提下，可选择利用自然地形坡度大于25%的用地。用地自然坡度小于5%时，场地竖向规划为平坡式，用地自然坡度大于8%时，综合建筑功能、用地条件竖向规划为台阶式。

A2-7-2   方案设计

台阶坡道边坡挡墙等竖向设施景观化处理

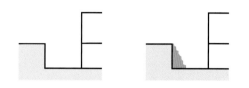

台阶坡道、挡墙边坡及防洪堤坝等是保证场地安全、处理场地高差变化、衔接周边环境的重要工程措施。在满足功能的基础上，将竖向工程设施与景观设计相结合，可美化空间要素，创造丰富多彩的场地形态。

A2-7-3   方案设计

采用多样性的竖向设计手法，营造不同的空间环境

竖向设计通过标高控制、坡度变化、高差变化等多种技术手法，配合建筑功能、道路交通、景观种植等功能需求，可以营造不同的空间环境，创造丰富的空间体验。

通过下沉设计，营造向心围合的空间场所；利用陡坡地形，隐藏景观，引导人行和视线方向；利用边沟谷线，引导雨水径流，实现雨水收集及利用；通过竖向高差，实现人车分流；通过地形设计，合理划分场地不同功能分区；利用场地坡向、坡度，创造丰富的建筑群体天际线。

A2-7-4   技术深化

实施土方平衡设计，减少土石方工程量

竖向设计方案结合自然地形，避免大填大挖；利用地形变化，争取就近平衡。

以整体平衡为目标，不能简单机械地要求单子项工程分区、分片实现平衡。

统筹计算土石方总量，尽量减少外运进、运出的土方量的工作，达到整体平衡目标。

城乡建设用地土石方平衡标准指标为：平原地区5%~10%，浅中丘地区7%~15%，深丘高山地区10%~20%；平衡标准为：（挖、填方量差÷土石方工程总量）x100%，一般挖方量或填方量大于10万立方米时，挖、填之差宜小于5%；挖方量或填方量小于10万立方米时，挖、填之差宜小于10%。

A2-7-5   技术深化

利用场地数字模型，辅助竖向设计，完成土方计算

场地BIM模型类似于建筑BIM模型，是利用BIM技术创建的工程项目的数字化表达，既包括项目的空间几何信息，也包括非几何信息。场地BIM模型应全面反映场地设计内容，保证工程量计算及用于指导现场施工，如Civil3D软件。

场地平整设计：通过场地BIM设计模型搭建、现状模型与设计模型对比，场地填挖方分析，场地横纵断面绘制等，实现场地平整的高效设计。土方计算：通过模型的搭建，使土方计算高效化、成果可视化。

方法拓展栏

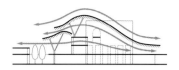

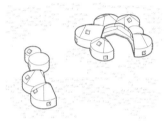

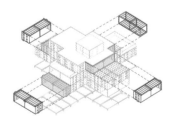

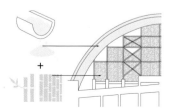

A3

形态生成

项目 江苏建筑职业技术学院图书馆   摄影 张广源

A3

形态生成

A3-1

融入周边环境

绿色建筑的设计不光要关注其所在宏观气候区的气候特点和其所在城市的文脉特色，更应该关注其具体的建设场地。在历史文脉或自然资源较为丰厚的场地做设计时，绿色建筑应更强调与环境的充分融入与协调，减少环境负荷。

A3-1-1 方案设计

城市环境中，通过建筑形体策略与周边城市肌理相融合

 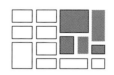

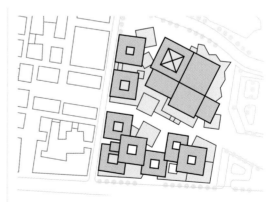

当建设用地处于有一定历史文脉的城市环境之中时，建筑的形体设计应当与周边城市肌理相适应，包括以下两方面：各形体体量的大小尽量相同或者相近；单个建筑形体的生成逻辑也建议参照传统的建构方式，力求建构逻辑的传承和统一。

案例：玉树州康巴艺术中心
设计延续原有城镇内中小体量层层叠摞形成的体量组合，并设置多条内部街巷与周边步行路径相接。

A3-1-2 方案设计

城市环境中，通过建筑开放空间与周边城市路径相连通

当建设用地处于具有一定历史文脉的城市环境之中时，建筑的形体设计应考虑使其开放空间与周围的城市空间相呼应，这里包含三重含义：建筑的开放空间与周围的城市道路相连通；建筑的开放空间与周边的城市公共空间相呼应；建筑的开放空间不打断周围空间的原有联系，并对其有意识地保护、保留。

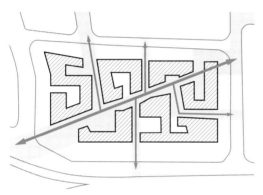

案例：北京德胜尚城
设计在园区内部切割出一条斜向贯通型街道空间及若干支巷，缝合周边城市步行体系的同时，使场地原有德胜门方向视线通廊得以保留。

A3-1-3 方案设计

山地或湿地等自然环境主导的场地中，依托地形的自然态势进行形态设计

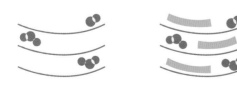

当建设用地处于山林或者湿地或者沙漠之中时，建筑的形体设计应当与周边自然环境相适应，

并力图通过分析及设计对场地原有气质进行整合、提升。若场地位于坡度较大的山地，应依山势而建，挖土的部分与填土的部分大致保持土方量均衡。若场地位于沙漠等自然景观壮美的地区，形体上宜适应当地气候、呼应场地整体气质。

案例：敦煌莫高窟数字展示中心
项目用地沙漠景观特征明显，建筑形态上顺应沙丘意象，丝带状条形体量叠错。

A3-1-4 方案设计

山地或湿地等自然环境主导的场地中，将体量打散，以小尺度关系轻介入场地环境

若建设用地处于临近水体的湿地环境之中，由于淤泥较多、临近水体基底不够稳等原因，建设条件并不利于建设大体量房屋，且会对原有自然环境造成较大的不可逆侵损，因此，应采取体量拆分、小尺度、轻介入的设计策略。

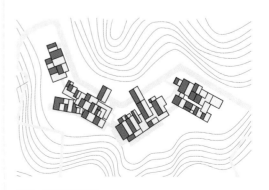

案例：杭帮菜博物馆
建设场地周边环境地基多为淤泥，设计采用小尺度体量，依据等高线态势打散布置，以实现对场地环境的轻介入姿态。

A3-2
反映地域气候

我国土地幅员辽阔，各地气候差异明显；不同气候地区的建筑设计，应在形态生成与推敲阶段，即提出具有针对性的形体适应性策略，应对不同气候下的室内外温差、日照强度、雨雪季风、干潮渗透等环境特质，并借助建筑形态设计手段，降低建筑物的整体能耗，提升空间环境舒适度，收集利用可再生能源。

A3-2-1 方案设计
利用建筑自身形态的起伏收放，优化自然通风、采光、遮阳

　　根据不同建设区域主导风向与日照角度的分析判定，建筑可通过自身的形体变化形成导风、引流、遮阳效果。如严寒地区通过形体收缩、曲面形等方式减少主受风面的风压；潮湿地区通过灰空间架空促进底层通风，日照强烈地区通过建筑悬挑对下层形成空间遮阳等。

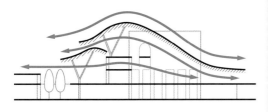

案例：海口市民游客中心
设计通过连续错动起伏的屋顶形成多层次的导风遮阳顶棚，提供高舒适度的檐下休闲开放空间。

A3-2-2 方案设计
年降雨量大的地区宜采用坡屋面设计，有利于建筑排水

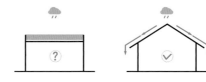

　　不同的气候条件下，屋面坡度设计也大有不同。如多降水地区，出于排水的考虑，屋面坡度多较陡，屋檐挑出较远；少雨少雪地区，其屋面坡度普遍较小；炎热地区，为了便于通风散热，屋面坡度设置较大，通风性较好；严寒地区，屋顶多做得厚重，封闭性强，以便于保温；多风沙地区，为防止屋顶被风掀起，多见屋面坡度平缓，体量上较为厚重。地广人稀之地，美观大方是人们在屋面设计上最为关注的要点，故其坡度多较舒展；人口稠密地区，屋面变得较为小巧紧凑，以适应紧张的用地。

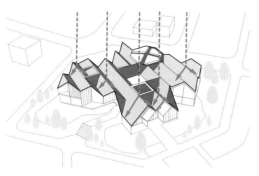

案例：南浔城市规划展览馆
设计从宅第院落内嵌西洋楼中汲取灵感，采取多方向的双坡屋顶穿插组合，形成丰富空间天际线的同时，最大化屋面排水效率。

A3-2-3　　　　　　　　方案设计
气候潮湿或通风不好的地区，可采用底层架空促进气流运动上升

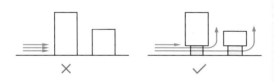

　　建筑与地面的关系是人类从开始建造栖身之所就开始直面的问题。传统建筑相比于现代建筑，更多地采用了关注气候的被动式建筑设计策略，民居上表现尤为明显。在温暖潮湿、植物繁茂的我国南方，房屋下部采用架空的干阑式构造，流通空气，减小潮湿；建筑材料除了砖、石外，常利用木、竹与芦苇；墙壁薄，窗户多；建筑风格轻盈通透。我国华北、西北的房屋，为抵御严寒，使用较厚的外墙和屋顶，高度较矮，建筑外观厚重而庄严，与南方建筑形成鲜明的对比。

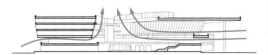

案例：昆山大戏院
昆山梅雨季节较长，设计基于最大化地促进底层空气流通这一目标，通过一系列的屋盖、廊桥空间形成丰富的檐下开放空间。

A3-2-4　　　　　　　　方案设计
强太阳辐射地区可通过完整屋面覆盖，为下方功能与开放活动空间提供遮阴条件

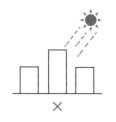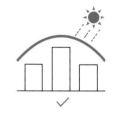

　　强太阳辐射地区，紫外线强度大，长时间照射皮肤有灼烤的感觉，而且容易引起强烈的眩光。采用大屋顶、深挑檐的形式，避免太阳直射，加大建筑阴影面积，可利用屋面下方的开放空间设置多种使用功能，使人们可以在具有遮阴条件的半室外空间活动。同时，屋面覆盖也起到挡雨的作用，遮阴产生空气的温差，有利于形成空气对流。

案例：南宁园艺博览会园艺馆

A3-2-5　　　　　　　　方案设计
强太阳辐射与多雨地区可通过裙房连接形成室外檐廊，为人群活动提供遮风避雨条件

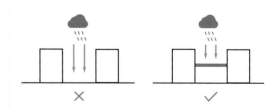

　　在夏热冬暖、炎热多雨的地区，建筑整体布局及建筑空间组织应注重遮阳、隔热。建筑可设置骑楼、檐廊、架空层等宽大连续的半室外空间，不仅能在雨天为人们提供有遮蔽的活动场所，而且在晴天也有利于躲避强烈的太阳辐射。

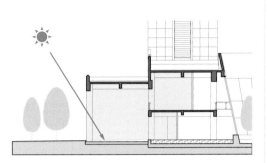

案例：深圳书城中心城
（合作设计方：黑川纪章建筑设计事务所）
建筑底层面向入口广场一侧设置连续多层次的檐廊空间，提供室外舒适活动空间的同时，也作为室内功能的室外化延续。

A3-2-6   方案设计

寒冷、严寒地区建筑体形应收缩，减少冬季热损失

寒冷地区出于防寒保暖、争取日照的需要，往往内部形成紧凑的布局；在外部形态上，建筑形体方正简单，体量厚重，外窗面积比较小，使用较厚的外墙和屋顶，从而减少冬季热损失；在室内空间上，房间面积小而层高低，与高大的房间相比，低矮的小房间可用较少的热量为室内供暖，同时低矮房间内热空气也不易在顶棚附近聚积，造成采暖能耗的增加。方形的平面是在方便使用的前提下，用最少的围护结构获得最大使用面积的平面形式，外墙散热面积最小，对于冬季保温来说是最有利的。

A3-2-7   方案设计

西北大风地区，建筑整体形态应厚重易于封闭，减少风沙侵入

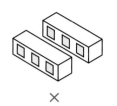 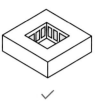

我国西北气候为强烈的大陆性气候，降水少，风沙多，气候干燥，气温日变化和年变化大。多风沙地区，多采用比较厚重的平屋顶，即使做坡屋顶，为防止屋顶被风掀起，屋面坡度也都比较平缓，并且一般采用封闭厚重的墙体和狭小的门窗，尽量减少迎风面的开窗数量和开窗面积，整体形态易于封闭，减少风沙侵入。

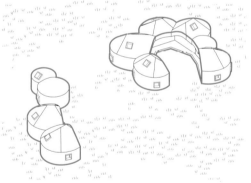

案例：元上都遗址工作站
建筑形体特征与内蒙古传统民居"蒙古包"有暗合之处，采取缓坡屋顶、小开窗来回应西北多风沙的气候特征。

A3-2-8 　　　　　　　　　方案设计

夏热冬冷、温和地区的建筑形态设计应考虑季节应变性，实现开敞与封闭状态间切换

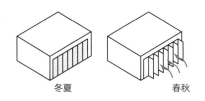

冬夏　　　　　　　　　春秋

　　我国的夏热冬冷地区具有夏天炎热、冬天寒冷、常年湿度高的特征。建筑的形态应考虑季节应变性，外墙采用吸热少、热惰性好的重质材料，具有很好的隔热性能；门窗的设置应结合使用功能，设置能收放的隔扇，气候舒适的季节可以大面积开启，隔扇可设置花格在炎热时可以兼

有遮阳和采光的作用，寒冷季节在门厅增加一层隔扇，设置过渡空间，增强冬季室内的保温效果。我国的云贵高原属于温和地区，气候特点是全年气温波动幅度不大、昼夜温差较大，也应利用门窗的开合适应气候的变化。

案例：中信泰富朱家角锦江酒店
面向主导风向采用园林中开启门扇做法，在过渡季节可全部打开实现室内外环境的全面贯通，促进内部通风。

A3-3
尊重当地文化

新时代高质量的绿色建筑设计要立足本土，关注建设场地的具体环境。这里的环境可以分为自然环境和人文环境。传统建筑形制中常常蕴含着不同地域自然与人文环境的双重回应，比如我国传统民居中的"天井"，这一空间形态固然有其人文环境的属性，但天井这一空间形态本身就蕴含着先人对当地气候的一种回应，蕴含"绿色"的基因。

A3-3-1 　　　　　　　　　方案设计

从当地传统建筑形制中汲取气候适应性形态原型

　　传统建筑蕴含着当地几百几千年来人们的营建智慧，建筑形制、建筑构件，甚至某些建筑符号，往往不止是单纯的文化象征，也包含着人们

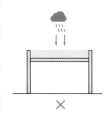

对本土气候的回应。从当地传统建筑形制中汲取气候适应性形态原则，是可行的做法。相比于诸多绿色建筑发展领先的国家，我国最大的优势就在于有丰富的传统建筑资源可以挖掘。

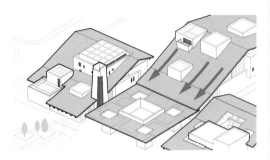

案例：北川文化中心
从羌族传统民居碉楼的形制中抽取坡屋顶、小开窗等元素，高效组织屋面排水，减少冬季的室内外热损耗。

A3-3-2   方案设计
对历史建筑、工业遗迹进行再利用，延长生命周期的同时延续场所记忆

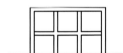 

建筑设计中，若能将原有建筑的材料和结构再利用，无疑是节约材料的。放到大的生态系统循环的概念来看，更大的意义在于减少了建筑垃圾的排放。当然不排除，有些建筑改造的案例可能总花费比新盖一个同等规模的建筑还要高，通常做这种选择的时候，更看中的是旧材料、旧结构带来的历史场所感的延续。

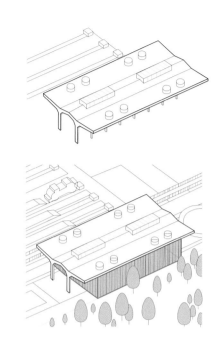

案例：中车成都工业遗址改造
项目利用原有Y形机车维修站棚作为改造后的建筑屋顶，底部置入轻钢幕墙单元作为新的售楼处展示空间。

A3-4
顺应功能空间

"形式追随功能",这是 19 世纪末美国建筑师路易斯·沙利文提出的口号,强调的是建筑的外形要由内部功能需求决定,不需要纯装饰构件。而在绿色建筑中建筑形式顺应空间的要求,是对此口号的回归,但也包含延伸含义:绿色建筑不需要过多的装饰性构件,而绿色建筑中的平台、露台、过厅等缓冲空间也很重要,需要"被形式追随"。

A3-4-1   方案设计
建筑形态基于内部的功能需求与功能组织,由内而外自然而生

　　建筑的外部空间形态需真实地呈现内部功能使用特点,如大型集会型场馆的外部形态多以完整连续的体量关系为表达特点,集合住宅类项目多在标准化单元的基本语言下寻求适度变化。在针对既有建筑改造类型的项目中,也可直接利用新置入的使用需求作为外部形态的突出特征。

A3-4-2   方案设计
建筑剖面形态与其平面功能相适应

　　新时代的大型展览建筑中,很大一部分有大屋顶这一元素。通常大屋顶下对应的是大空间,或者连续的空间序列,导则建议大屋顶的形态起伏应与其下方对应的功能相契合:面积大、人流密度高的功能对应的屋顶抬起;面积小、人流密度低的功能对应的屋顶可相对下沉。

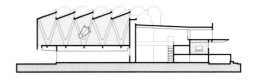

案例:天津大学新校区体育馆
运动场馆与后勤办公管理用房根据空间使用心理需求差异化层高尺度。

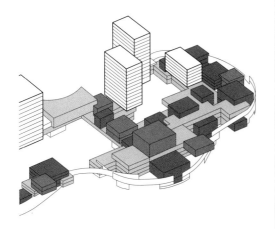

案例:北京电影学院怀柔校区
项目由不同尺度的剧场演播厅组合形成聚落群组布局。

A3-4-3   方案设计

借助不同功能体量错动形成院落平台空间

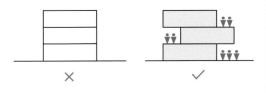

在绿色建筑设计中，平台、露台占据很重要的位置，通常我们将其定性为"灰空间""半室外空间""半室内空间"等，不仅仅从气候角度上强调其作为室外自然气候与室内环境的缓冲，

从功能角度来讲，也是室内工作人员的休憩空间。新时代的绿色设计应该有意识地设计平台，引导人们健康地生活。这与新时代的绿色建筑理念当中的"健康化"契合。

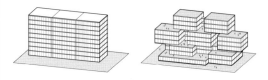

案例：武汉航发集团总部
化整为零，将办公楼切分为可租售的小单元；组团之间的退台层层跌落，形成活跃的半室外空间。

A3-5
反映结构逻辑

形式上反映结构逻辑，反映了新时代高质量的绿色建筑的基本美学观念，不做刻意装饰，形态上能反映结构、材料。去除冗余装饰，在适当的情形下裸露结构、材料，不仅可以使建筑体验者对建筑产生完整的认知，也能引导人们进一步认可绿色建筑的美学。这一方法实际上也回应了我国"四节一环保"要求中的"节材"这一条。

A3-5-1   方案设计

建筑结构一体化设计，形态与结构合理性协同考量

在方案前期设计阶段，建筑师应有意识地将结构体系与空间使用及围护界面进行整合，倡导通过一次土建施工获得最终的完成效果，减少二

次装饰量。建筑结构一体化的设计策略一方面可以大幅减少建筑耗材量，同时也鼓励建筑师将结构自身作为建筑形态表现力的设计重点；在真实反映受力逻辑的前提下，创造出具有强烈结构美感的建筑物。

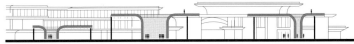

案例：张家港金港文化中心
结构与围护墙体一体化设计，整体混凝土浇筑，在结构上预留管线孔洞以及采光洞。

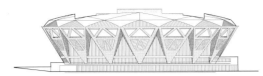

案例：国家网球中心
建筑周圈以16组V形组合柱支撑看台和建筑外维护系统，V形结构体系所呈现的三角形语言也成为了建筑外部形态最突出的识别特点。

A3-5-2　　　　　　　　方案设计
结构本体作为外部形态的直接反映

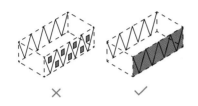

在建筑的形体空间设计过程中，若采用独特的结构形式，可将其展示出来，作为外部形态的重要组成部分，避免建筑在结构外做不必要的装饰。这样带来的形态效果显而易见，增强了对建筑原真性的反映。但这里对建筑的一体化设计、施工工艺要求较高。

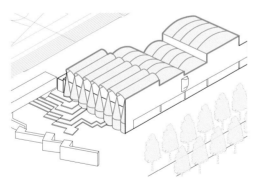

案例：天津大学新校区体育馆
设计强调在几何逻辑控制下对建筑基本单元形式和结构的探寻，重复运用和组合这些单元结构，以生成特定功能、光线及氛围的建筑空间。

A3-5-3　　　　　　　　方案设计
装配式建造反映标准化与构件化形式逻辑和语言

　　装配式建筑在缩短施工周期、减少施工垃圾排放等方面具有不可替代的作用，在非永久性建筑中应用的潜力巨大。在造型方面，装配式建筑宜反映其标准化与构件化的形式逻辑和语言，这也是对建筑内部空间形态、空间功能之间的组合关系最直接的反映。

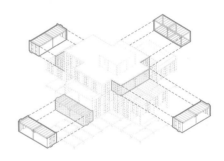

案例：雄安市民服务中心
各组建筑由一个个12m×4m×3.6m的模块组成。每个模块高度集成化，结构、设备管线、内外装修都在工厂加工好，现场只需拼装就可完成。

A3-6
控制装饰比例

绿色建筑设计中要尽量避免采用单一用作装饰的构件、材料，若采用，亦须严格控制比例。通常，比较有表现力的材料宜结合实际的功能需求设置，如将高质量的木材用作窗框、门框，将高质量的混凝土直接裸露，将表现力好的金属构件结合室内装饰、室外遮阳构件设置。

A3-6-1   方案设计
建筑外部装饰应结合构件功能，减少无用的装饰构件

在建筑外部应尽量少甚至不用纯装饰性构件，应结合实际的功能需求设计。例如高质量的木材用作窗框、门框，将高质量的混凝土直接裸露，将表现力好的金属构件结合室内装饰、室外遮阳构件设置。

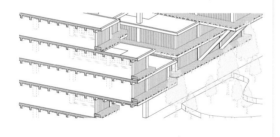

案例：江苏建筑职业技术学院图书馆
外立面从基本的遮阳需求出发，通过竖向格栅遮阳系统与横向绿植遮阳系统共同构成外立面的形式语言。

A3-6-2   技术深化
选用当地富产的材料，结合功能需求做有限度的挂饰

建筑形态应结合建筑的功能需求，建筑装饰构件的运用宜与建筑环境的气候适应性策略相结合，起到挡雨、遮阳、导风、导光等作用，控制没有功能作用的装饰构件的应用。同时，建筑材料应因地制宜、就地取材，尽量选用当地材料，兼顾其他地区的材料，既减少了运输的成本，也能使建筑体现当地的地域特征和文化风貌。

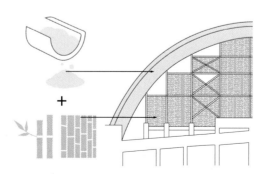

案例：德阳奥林匹克后备人才学校
德阳周边盛产高质量的混凝土、竹材，主体结构用清水混凝土，辅助竹材外格栅作遮阳构件、门窗。

A3-6-3 施工配合
倡导原生材料素面作为室内外装饰完成面

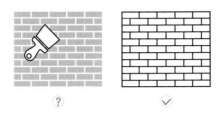

建筑饰面材料宜追求材料自身的物理特征与表观特征，通过原生素面表达其真实的材料效果，如混凝土、砌块材、木材、金属材料等，经过必要的材料物理性能优化后，尽量减少在原生材料上进行二次涂刷。

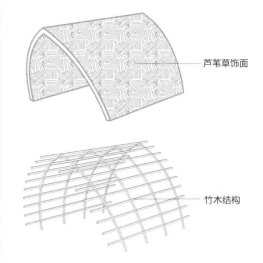

芦苇草饰面

竹木结构

案例：南宁国际园林博览会昆山园
屋顶饰面采用用地周边的芦苇茅草进行绑扎后直接安装，主体结构借助竹材的受弯性能一次成型，减少二次加工过程带来的污染与浪费。

A3-7
选用标准设计

标准设计，是伴随大量建设与建筑发展而出现的一个必然趋势，针对传统设计与建造方式的效率低、工期长、质量差等不适应于当前建设需求的问题，采用标准设计达到提高生产效率、合理控制成本、提升建筑品质的目的。标准设计是保证建筑最终成品功能与质量的基本条件之一，从局部联系上升为复杂系统的过程，也将实现建筑长久性功能优化。

A3-7-1 方案设计
以标准设计系统化方法统筹考虑建筑全寿命周期

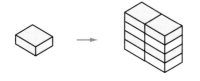

以标准设计系统化方法来统筹考虑建筑全寿命周期的规划设计、施工建造、维护使用和再生改建的全过程。标准设计不仅可以有效节约设计工作量，对于项目开发建设来说，也可以节约社会资源、降低开发成本，以标准化设计实现功能空间多样化。

A3-7-2 方案设计
遵循模数协调统一的设计原则，符合国家标准

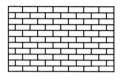

建筑设计标准化和通用化的基础是模数化，模数协调的目的之一是实现部件部品的通用性与互换性，使规格化、定型化的部件部品适用于各类建筑中。

A3-7-3 方案设计
居住建筑满足楼栋标准化、套型标准化和厨卫标准化的多元多层次设计要求

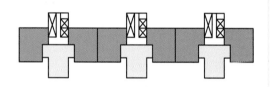

居住功能的标准化，以厨卫模块化部品为基础，形成以标准设计系统化方法统筹考虑建筑标准套型；标准套型之间通过不同的排列组合形成楼栋。从而在有限的建筑面积内满足基本功能的同时，达到良好居住品质，实现长久性功能优化。

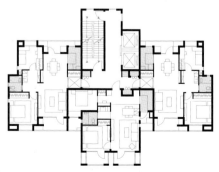

案例：上海绿地威廉公馆
项目采用了标准化设计方式，以最简洁和合理的形式划分了结构模块。统一卫浴和厨房模块的形式和尺寸，形成套型模块进行多样化组合。

A3-7-4 技术深化
采用标准化、定型化的主体部件和内装部品

主体部件包括柱、梁、板、承重墙等受力部件，以及阳台、楼梯等其他结构构件，采用标准化装配式设计。内装部品如整体厨房、整体卫浴、整体收纳，及装配式隔墙、吊顶和楼地面部品等，采用标准化、模块化部品设计。

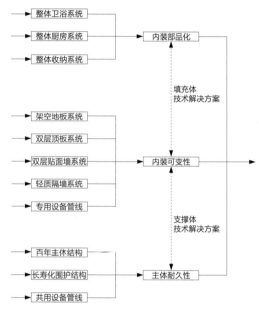

A3-7-5 技术深化
部件部品采用标准化接口

建筑部件部品采用标准化接口，可以满足部品之间、部品与设备之间、部品与管线之间连接的通用性和互换性要求。

A3-8
鼓励集成建造

发展装配式建筑的关键在于集成建造，只有将建筑结构体与装配式建筑内装体一体化集成为完整的建筑体系，才能体现工业化生产建造方式的优势，实现提高质量、提升效率、可持续建设的目的。集成建造应在建筑方案设计阶段进行整体技术策划，科学合理地确定建造目标与技术实施方案。

A3-8-1　　　　　　　　　　　策划规划
采用建筑通用体系，符合建筑结构体和建筑内装体一体化集成设计要求

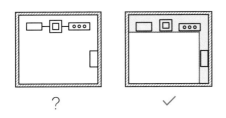

装配式建筑采用具有开放性的建筑通用体系是实现集成建造的基础。装配式建筑设计倡导改变传统设计建造方式，注重建筑结构体与建筑内装体、设备管线相分离，以及应用装配式内装技术集成。

化和规格化、建筑单元定型化和系列化、部品部件标准化和通用化的实现，既便于组织生产、施工安装，又可以保证建筑整体质量，为使用者提供多样化的建筑产品。

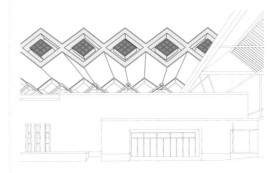

案例：苏州火车站
项目通过菱形符号系统将屋面钢结构、内外装饰吊顶、照明、空调风口等构件整合为一体化的建筑语言表达。

A3-8-2　　　　　　　　　　　方案设计
以少规格、多组合的原则进行设计，满足标准化与多样化要求

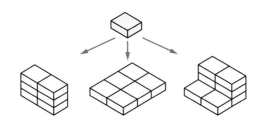

通过建造集成使体系通用化、建筑参数模数

A3-8-3　　　　　　　　　　　技术深化
建筑结构体和主体部件设计满足安全耐久、通用性要求

选择合理的建筑结构体结构形式，以集成建造为目标，优选装配式框架结构、装配式剪力墙结构、装配式框架-剪力墙结构等。主体部件柱、梁、板、承重墙等受力部件和阳台、楼梯等其他结构构件在装配式建筑中做到通用化、标准化。

标准化结构设备部项图

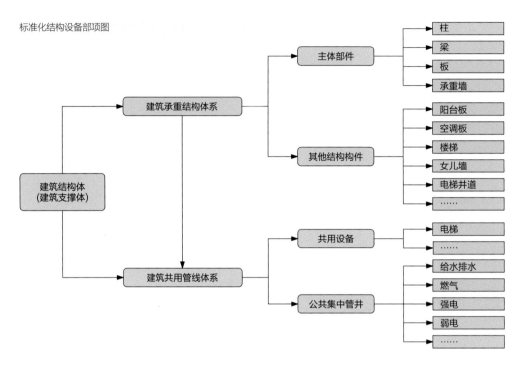

A3-8-4 技术深化

建筑内装体和内装部品设计满足易维护、互换性要求

建筑内装体装配化施工的集成建造应在满足易维护要求的基础上，具有互换性，包括年限互换、材料互换、式样互换、安装互换等。内装部品包括整体厨房、整体卫浴、整体收纳等模块化部品和装配式隔墙、吊顶和楼地面等集成化部品。实现内装部品互换的主要条件是确定部品的尺寸和边界条件。

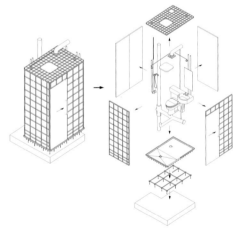

整体卫浴集成化部品

方法拓展栏

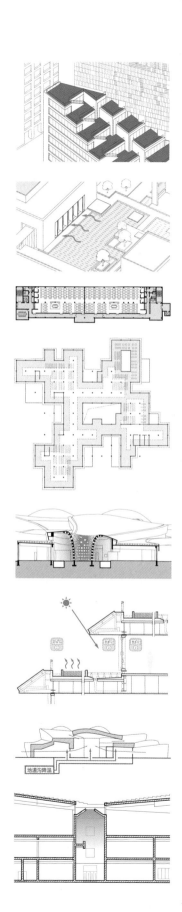

A4

空间节能

项目 海口市民游客中心   摄影 张广源

A4

空间节能

A4-1

适度建筑规模

建筑设计应在满足使用功能的前提下，尽量避免过高的层高、不必要的高大空间、过大的房间面积、不必要的功能设置；应合理控制空间体量，减少辅助空间，对休息空间、交往空间、会议设施等进行合理的共享与综合利用，提高建筑空间利用率，节约用地和建设成本，减少各种资源消耗。

A4-1-1　　　　　　　　　　　　策划规划

根据使用需求控制总体建设规模与任务书编制

　　应在策划阶段或方案初期，协助建设方确定项目的规模、组成、功能和标准。在确定建筑的规模时，应详细分析项目的定位和使用要求，通过同类型建筑的调研和比较，对不需要的或不常用的使用功能进行归并；设计过程中，充分研究尽可能集约利用空间的方法。协助建设方编制和完善设计任务书，使建筑项目控制在合理的规模。

A4-1-2　　　　　　　　　　　　策划规划

综合评定建筑高度与土地价值以及环境友好的关系

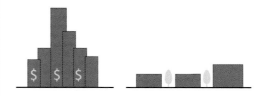

　　建筑物的形态、体量、尺度、色彩以及空间组合关系应与周围的空间环境相协调；应从城市设计的角度出发，根据道路空间尺度控制建筑裙

楼和主体的高度。相对于低、多层建筑，高层建筑需要提高结构强度，改变结构形式；高层建筑防火要求更高，需要较多的交通空间（楼梯、电梯、前室、走廊），需要更多的设备用房和设备，从而使工程能耗和造价大幅度上升。但当建筑层数增加时，单位建筑面积所分摊的土地费将有所降低，因此对于土地特别昂贵的地区，提高建筑密度和建筑层数是比较经济的选择。在规划允许的高度范围内，以低、多层或组合建筑形式代替单一的高层建筑能降低能耗、节约造价，也有利于建筑物与周围的空间环境相协调。

A4-2
区分用能标准

不同地域与季节中人对温度的要求不同，不同使用功能的空间的用能标准不同，使用者停留时间长的空间对舒适性要求高，使用者停留时间短的空间对舒适性要求可以降低。在设计时，应仔细研究，针对建筑不同的使用空间制定不同的用能标准，才能在保证一定的舒适性的前提下，达到节约能源的目的。

A4-2-1 　　　　　方案设计
根据空间的功能舒适度要求（低、中、高）定义用能标准

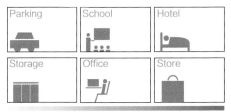

| | 舒适度要求 | |
| 低 | | 高 |

在建筑中，不同的使用功能对温湿度的要求是不同的，如汽车库、贮藏室等用能标准低；住宅、教室、办公室是人们处于安静状态时长期停留的场所，但是一般层高、进深都不大，并可通过开启外窗利用自然通风达到室内温湿度舒适要求，用能标准为中等。大型公共建筑能耗比较大，如酒店、商场、交通枢纽、文化建筑、医院等，对于大型公共建筑，应根据空间的功能和使用模式，确定不同的运行方式和用能标准，既要达到节约能源的目的，又可以保持一定的服务水平。

A4-2-2 方案设计

根据使用者停留时间（快速通过、间歇停留、长时使用）定义用能标准

短期逗留区域是指人员暂时逗留的区域，主要有商场、车站、机场、营业厅、展厅、门厅、书店等观览场所和商业设施。

对于人员短期逗留区域，人员停留时间较短，且服装热阻不同于长期逗留区域，热舒适更多受到动态环境变化的影响，综合考虑建筑节能的需要，可在人员长期逗留区域的用能标准基础上降低要求。

A4-2-3 方案设计

根据空间的使用类型（被服务性、服务性）定义用能标准

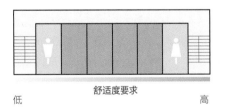

建筑的使用空间可分为：1. 主要使用空间（居室、教室、办公室等）；2. 辅助空间（卫生间、贮藏室等）；3. 交通联系空间（门厅、过厅、走廊楼梯、电梯等）。被服务空间即建筑的主要使用空间，要满足舒适性要求，而服务空间包括辅助空间和交通联系空间，可适当降低舒适度的要求，达到节约能源的目的。

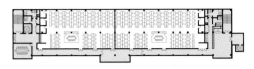

案例：雄安设计中心
设计将交通公共走廊定位为"空腔暖廊"，相关暖通标准与空调负荷均按最低标准值设计，经测算室内空间整体能耗降低约42%。

A4-2-4 方案设计

根据不同地域与季节中温湿度水平和人体的热舒适范围来定义用能标准

规范要求严寒和寒冷地区主要房间室内设计应采用18~24℃标准。经大量测试统计，建筑室内自然环境下，在一定的温度范围内，人体可以通过服装调节来达到热舒适；另外，长期生活在自然环境下的人们对采暖设备这一措施并没有表现出明显的偏好和期望，说明人在心理上对所在热环境及对环境的调控能力、改善措施能够产生适应性。因此，可根据不同地域与季节中温湿度水平与人体的热舒适范围来定义用能标准。

A4-3
压缩用能空间

室内空间需要保证舒适度，能耗较大，室外空间则没有能耗。因此，应充分利用室外空间和半室外空间，提高室外空间的舒适度，设置适宜的使用功能，从而适当减少室内空间的面积，可以有效地节约能源。对于室内外的过渡空间，作为室内、室外环境的过渡区，温度设置在室外温度和室内舒适温度之间，不仅能节约大量的能源，并且使人们能够逐步适应和过渡。

A4-3-1　　　　　　　　　　　　方案设计
减少封闭的公共休憩空间，提倡室外与半室外非耗能空间

 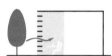

　　在气候条件比较适宜的区域，应将公共的休憩空间设在室外或半室外，或者设置能打开的门窗，在气候宜人的季节可以转换成半室外空间。这种方式一方面减少了耗能空间，另一方面，对于使用者来说，增加了空间的层次，更健康，更接近自然，有更多的户外活动场地和机会。

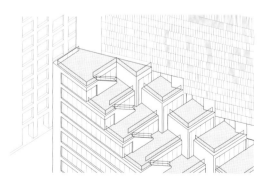

案例：中国建筑设计研究院科研示范中心
结合体形的层层退台设置屋顶连续休憩平台，减少能耗、引导健康的生活方式。

A4-3-2　　　　　　　　　　　　方案设计
设置适宜缓冲的过渡空间调节室内外环境，可降低其用能标准和设施配备

　　对于冬季寒冷或夏季炎热的区域，建筑物的入口门厅、大厅、中庭等，是人们从室外进入室内的过渡空间，这些缓冲过渡空间的温度设置应该在室外温度和室内舒适温度之间取值。过渡空间一般紧邻室外空间，必要的应设置岗位送风，维持固定人员活动区的温湿度微环境，其余的可视为是室内、室外温度环境的过渡区，可以考虑一定的不保障率，不仅能节约大量的能源，并且使人们能够逐步适应和过渡，对使用者而言，舒适性更高。

案例：敦煌莫高窟数字展示中心
建筑大堂作为室外环境与球幕影院的缓冲空间，有效降低了球幕影院空调用量。

A4-3-3　　　　　　　　技术深化
室外等候空间采用喷淋降温、风扇降温等非耗能方式提高舒适度

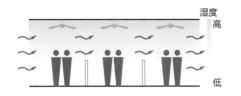

　　室外等候空间可以采用耗能较低的方式提高舒适度，如喷淋降温系统，将水净化后通过高压撞击来进行雾化处理。当雾化的水颗粒在环境中由液态转变为气态时，就会带走空气中大量的热量，从而起到净化空气、除尘、降温、保湿的效果。还可以采用室外喷雾降温风扇，能够镇压灰尘，调节大气，水滴蒸发的时候能降低周围温度4~8℃，周围可使用面积达到30~50m^2，使环境变得清洁、凉爽、舒适。

A4-4
控制空间形体

空间形体对能耗影响很大。严寒地区及部分寒冷地区应尽量减小与外界的接触面积；各地区的建筑均应采用合理的进深，既要保证采光通风的效果，又要提高建筑的使用率；在强太阳辐射地区应设置外檐，对外墙遮阴；一些超大尺度的公共建筑，能耗很大，应控制空间高度，避免大而无用的空间，从而有效地减少能耗。

A4-4-1　　　　　　　　方案设计
严寒地区及部分寒冷地区体形系数宜尽量缩小，减小与外界的接触面

　　建筑耗能量指标随着体形系数的减小而减少。建筑体形宜简单规整，减少凹凸面和凹凸深度，缩小面宽，加大进深，增加层数，降低体形系数。由于外窗的传热系数高于外墙的平均传热系数，所以在满足室内采光的前提下，应尽量减少外窗、天窗和透明玻璃幕墙的面积，降低窗墙面积比。如果严寒和寒冷地区建筑的体形系数加大，根据节能规范要求，补偿措施是把围护结构传热系数限值减小，但降低围护结构传热系数限值在现有的技术条件下实现的难度较大，同时投入的成本高，因此，控制体形系数是更加提倡的做法。

A4-4-2 方案设计

基本房间单元进深尽量控制在 8 ~ 12m，确保空间自然采光与通风效果

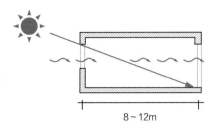

8~12m

基本房间单元进深的确定应综合考虑多方面因素。进深太小，则建筑的使用率较低，不经济；进深太大，则建筑的采光通风条件差。在房间长宽比例比较得当的情况下，房间单元进深在8~12m比较合理，不会出现明显的暗区，能够保证采光通风的效果。

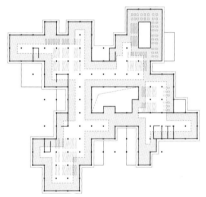

案例：江苏省建筑职业技术学院图书馆
建筑90%的阅读区域位于建筑外边界退5m的范围，保证良好的采光、通风。

A4-4-3 方案设计

强太阳辐射地区通过外檐灰空间降低外墙附近的辐射热交换作用

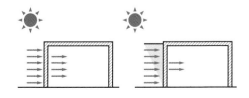

南方传统建筑常常设有外檐灰空间，这种做

法的初衷是使商家贸易、行人过往免受日晒雨淋之苦；同时对于节能也有重要的作用，外檐灰空间遮阴作用不仅使檐下空间明显比无遮阴的空间更凉爽，而且可以降低外墙附近的辐射热交换，因靠近外檐灰空间的外墙得热减少而降低空调的负荷。

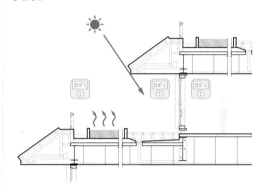

案例：东南航运中心总部大厦
设计从当地的大厝深挑檐汲取智慧，层层外廊设置大挑檐，有效遮挡太阳辐射，降低室内外热交换。

A4-4-4 方案设计

交通枢纽建筑与博览建筑等超大尺度空间应控制空间高度，避免大而无用的空间

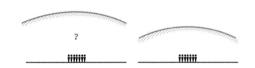

交通枢纽建筑与博览建筑能源消耗量较大。这类建筑的建筑面积大，人员密集，室内空间需要一定的高度才能满足使用要求。为了节能，应把室内空间的高度控制在合理范围之内，避免单纯追求建筑形式造成空间的高度过大，导致用空间体积超出正常需要而造成能源大量浪费。

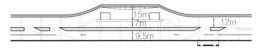

案例：雄安高铁站
综合外部城市关系与建筑形象的双重考虑，雄安高铁站中心候车厅净高最终确定为22m，为了避免室内夸张的空间尺度与空调匹配能耗上的浪费，设计在内部置入了局部夹层空间，充分利用空间体积。

A4-5
加强自然采光

自然采光不仅有利于节能，也有利于使用者的生理和心理健康。自然采光充足的房间白天不需要人工照明，可以有效地节省能源。为了营造一个舒适的光环境，可以采用各种技术手段，通过不同的途径来利用自然光。设计时，应根据建筑的实际情况合理运用建筑自然采光方法，充分利用建筑构造和技术措施，有效地改善建筑光环境，同时实现建筑节能的目标。

A4-5-1　　　　　　　　　　方案设计
增加室内与室外自然光接触的空间范围，优先利用被动节能技术

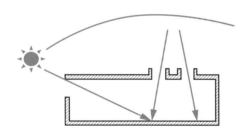

　　为了使更多的房间获得自然采光，应适当增加室内与室外自然光接触的空间范围，如在合适的位置开设侧窗、高窗、天窗等。在设计时应注意：当采用低窗时，近窗处照度很高，距窗较远处的照度会迅速下降；反之，高窗的近窗处照度下降，距窗较远处的照度会有较大提高；窗间墙越宽，横向采光均匀度越差；东西向窗有直射光，照度不稳定；北向窗采光量小，稳定；南向窗采光效果最好。

A4-5-2　　　　　　　　　　方案设计
在平衡室内热工环境的前提下，适当增加外立面开窗或透光面比例

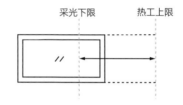

采光下限　　　　　　热工上限

　　外立面开窗或透光面的面积应兼顾节能和采光。从节能的角度出发，外窗面积不应过大，必须控制窗墙面积比；从采光的角度出发，应适当增加外立面开窗或透光面比例，使得室内获得良好的采光。值得注意的是，窗洞口大并非一定比窗洞口小的房间采光好；比如一个室内表面为白色的房间比装修前的采光系数就能高出一倍，这说明建筑采光的好坏是由与采光有关的各个因素决定的。侧面采光时，民用建筑采光口离地面高度0.75m以下的部分不应计入有效采光面积。另外，为了改善建筑室内自然采光效果，不仅要保证适宜的采光水平，还需要提高采光的质量，应注意控制主要功能房间的眩光。

A4-5-3 方案设计

大进深空间可采用导光井或中庭加强自然采光

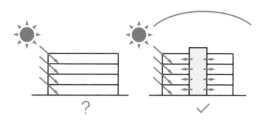

中庭能够解决大进深空间的自然采光问题。中庭本身可作为一个自然光的收集器和分配器，提供使优良的光线射入到平面最大进深处的可能性，形成充满活力的核心，减少大面积的人工环境带来的不适。中庭设计应权衡利弊，既要利用中庭改善采光条件，在冬季把阳光引入室内，夏季利用烟囱效应促进自然通风，又要避免冬季热量散失或夏季中庭过热。

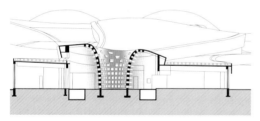

案例：敦煌莫高窟数字展示中心
在游客集中返回的大空间处结合圆锥体形导光井，为室内提供照明光线

A4-5-4 方案设计

阅读区、办公区等照度需求高的空间宜靠近外窗布置，同时设置遮阳措施避免眩光干扰

对于阅读区、办公区等对采光要求高的空间，靠近外窗布置，能够获得充足的自然光，不仅具有较好的采光效果，而且视线比较开阔，能够缓解疲劳。但是自然光直射会产生眩光，必须设置遮阳措施避免眩光干扰。

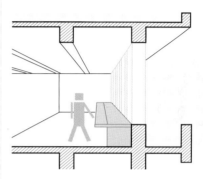

案例：江苏省建筑职业技术学院图书馆
临窗布置阅读桌，窗外设遮阳格栅，使读者在阅读间隙可远眺山景，放松愉悦。

A4-5-5 方案设计

通过下沉广场或光导管等方式提升地下空间自然采光效果

采用下沉广场（庭院）、天窗、导光管系统等，可改善地下空间的采光，但考虑到经济合理性，地下空间的采光水平不宜过高，建议地下空间平均采光系数≥0.5%的面积不低于首层地下室面积的5%。

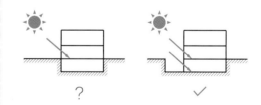

A4-5-6 方案设计

立面采光条件有限时可采用天窗采光，丰富室内光线感受

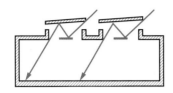

天窗采用不同的形式或设在不同的位置，可以带来不同的光线感受。常用的纵向矩形天窗采光均匀度好，当设开启扇时，自然通风效果显著；锯齿形天窗可以充分利用顶棚的反射光，当窗口朝北布置时，完全接受北向天空漫射光，照度稳定，没有眩光，适用于美术馆等空间；平天窗比其他类型的天窗采光效率高得多，而且布置灵活，但设计时应采取防光污染、防直射阳光和防结露的措施。除了以上三种天窗外，还可以采取大面积采光顶棚、带形或板式天窗、采光罩等多种天窗形式。

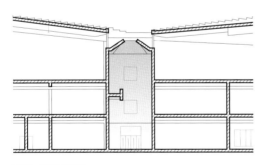

案例：商丘博物馆
中心十字形走廊被周边展廊功能房间所遮挡，不具备立面采光条件，因此该方案在走廊顶部设置了连续倒梯形采光顶，为室内交通空间纳入更多自然光线。

A4-5-7 方案设计

展览类或其他有视线要求的功能空间应精细化进光角度，采用高侧窗或天窗等方式避免视线干扰

展览类建筑应精细化进光角度，采用高侧窗或天窗等方式避免眩光，应综合采用百叶、遮阳板、防紫外线玻璃、隔热系统等技术，在有效利用天然光的同时，过滤掉了大部分的太阳辐射以及电磁波谱中对艺术品有害的部分。

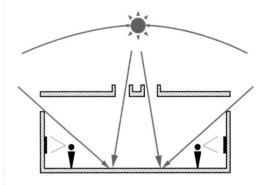

A4-6
利用自然通风

通风是一种通过引入室外空气来维持良好室内空气品质及热湿环境的重要手段。通风换气对营造室内环境有着重要作用，同时对室内热湿环境与供暖空调能耗也有很大影响。自然通风的建筑主要通过用户调整通风窗口的开闭来控制通风量的大小，缺点是在室外过热或过冷时，自然通风可能会造成能耗增加，但因其简单、经济、使用者可以自主调节，而深受人们欢迎。设计应充分利用自然通风。

A4-6-1　　　　　　　　　　方案设计
利用主导风向布置主要功能空间

　　采取建筑空间布局的优化措施，改善原通风不良区域的自然通风效果，根据不同房间功能及使用情况合理布置室内空间平面，尽量把主要用房开口位置安排在夏季迎风面。为了较好地促进自然通风，房间进深不宜过深，寒冷地区应规避冬季冷风方向。

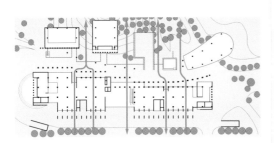

案例：海口游客接待中心
建筑面向主导风向与水面方位采用分体式布局，间隔出的"风廊"最大化地促进风压气流的引入。

A4-6-2　　　　　　　　　　方案设计
依靠中庭空间与中庭高侧窗形成烟囱效应，
增强热压通风

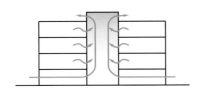

建筑中庭空间高大，一般应考虑在中庭上部

的侧面开一些窗口或其他形式的通风口，充分利用自然通风，达到降低中庭温度的目的。必要时，应考虑在中庭上部的侧面设置排风机加强通风，改善中庭热环境。尤其在室外空气的焓值小于建筑室内空气的焓值时，自然通风或机械排风能有效地带走中庭内的散热量和散湿量，改善室内热环境，节约建筑能耗。

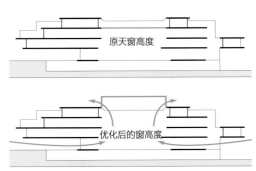

案例：江苏省建筑职业技术学院图书馆
拔高天窗使中庭高度增大，提高热压通风潜力；夏季保持地进风口与高侧窗出风口打开，形成烟囱效应。

A4-6-3　　　　　　　　　　方案设计
在建筑体量内部根据风径切削贯穿空腔，形
成引风通廊

对于公共建筑，尤其是不容易实现自然通风

的大进深内区和不能保证开窗通风面积要求的区域，需要进行自然通风优化设计或创新设计。可以根据建筑的形态和使用功能，在建筑体量内部根据风径切削，形成气流能够贯穿的空腔，作为空气引导通道，加强自然通风，改善室内的空气质量，提高舒适度。

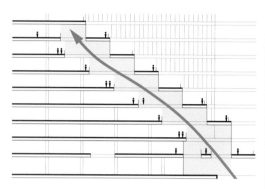

案例：中国建筑设计研究院创新科研示范中心
于建筑内部设斜向通高中庭空间，上下层之间视线交流的同时获得良好的拔风效果。

A4-6-4　　　　　　　　　　　方案设计
潮湿地区通过首层地面架空引导自然通风，防潮祛湿

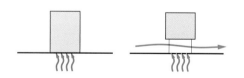

　　结露是严重影响结构安全及使用舒适度的问题之一，轻者出现水渍影响美观，长期或经常结露可导致发霉，损坏内部装修和家具，还会传染真菌性疾病，使房间卫生条件恶化，严重时可降低围护结构的使用性能与耐久性。在南方的梅雨季节，空气的湿度接近饱和，可将首层地面架空，既可以引导自然通风，又能够起到防结露的作用。

A4-6-5　　　　　　　　　　　方案设计
通过地道与地道表面的覆土等将室外风降温后引入室内

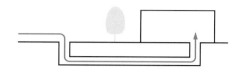

　　地道风降温技术是指利用地道冷却空气，通过机械送风或诱导式通风系统送至地面上的建筑物，达到降温目的的一种措施。该系统是利用地道（或地下埋管）冷却（加热）空气，然后送至地面上的筑物，达到使引入的室外空气降温（升温）的目的，相当于一台空气—土壤热交换器，利用地层对自然界的冷、热能量的储存作用来降低建筑物的空调负荷，改善室内热环境。该技术适用于干燥地区。

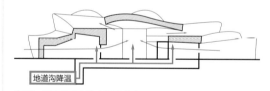

案例：敦煌莫高窟数字展示中心
于建筑外地面处设进风口并加动力吹风设备，室外空气流经蜿蜒绵长的地下通道，进入大堂处，实现地道风降温。

A4-6-6　　　　　　　　　　　方案设计
在进风口外围通过设置水面或绿荫降低气流进入温度

　　在炎热多雨的地区，往往水网密集，在建筑的周围设置水体，不仅可以美化环境，起到调蓄雨水的作用，而且可以使空气经过水体降温后渗透到建筑空间里面，进行冷热空气的交换。水体成为环境中的蓄热元素，与通风系统相结合，作为改善建筑微气候的手段；同理，在进风口外围设置绿荫，同样可以降低气流进入的温度，达到生态节能的目的。

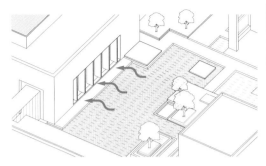

案例：中信泰富朱家角锦江酒店
建筑沿滨水一侧设置通风开启扇，将水面较低温度的空气引入
建筑内，可有效降温。

方法拓展栏

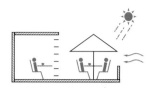

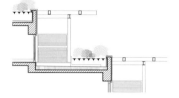

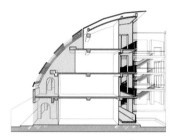

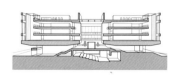

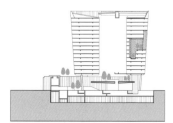

A5

功能行为

项目 中国建筑设计研究院创新科研示范中心   摄影 张广源

A5

功能行为

A5-1

剖析功能定位

在建筑中，舒适度标准的高低决定了对建筑设施的投入策略，而舒适度与功能内容具有极强的关联度。因此在进行空间设计时要针对不同的建筑功能确定舒适度标准，结合人们的心理和行为特点设计出最具适用性的功能空间，在提升使用满意度的前提下减少能耗。

A5-1-1	方案设计

固定人员场所使用功能空间应集约布置，侧重于提升房间舒适度标准

 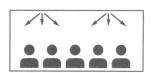

　　针对固定人员场所，设计应根据使用人员类型及规模确定空间位置、空间尺度、舒适度指标，在符合功能行为需求和使用者心理满意度的前提下提高空间使用便利性，提升舒适度指标。

A5-1-2	方案设计

流动人员场所结合功能和环境布置，侧重于空间连续性、开放性，适度降低舒适度标准

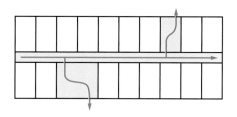

　　针对流动人员场所，强调空间连续、导向清晰、流线快捷，避免人员在不熟悉的环境中往复行走而产生焦虑情绪，减少对空间环境（声环境、空气环境、心理满意度）和能耗产生不利影响；公共空间强调开放共享，在连续快捷的线性空间中穿插局部放大的开放空间，供使用者短暂

休憩和交流。人员非长期停留的空间，可适度降低使用能耗保障舒适度的标准。例如，温和地区尽量采用室外及半室外空间以减少能耗需求。

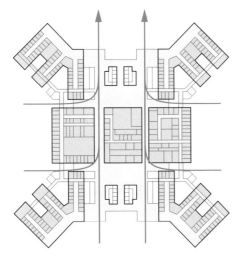

案例：谷城医院
项目地处广东梅州，气候相对炎热潮湿。设计采用集中式布局，治疗区定义为空调区，保证舒适度和清洁度；快速通过的交通空间全部为半室外开敞空间，不使用空调，夏季使用风扇降温。

A5-1-3 　　　　　　　　　方案设计，技术深化

根据功能适应性，确定空间形状比例

对于公共活动空间来说，活动人员数量以及功能所需的活动空间决定了空间尺寸。除礼仪性、纪念性空间外的一般公共建筑空间偏大、偏小或者高度低矮都会给人带来不适宜的心理感受，不利于展开公共活动；对于居住空间，过大过高的空间将不符合人对于居室安全感和私密性的心理需求。

A5-1-4 　　　　　　　　　　　　　方案设计

对于功能相近、舒适度要求相近的空间集中布置

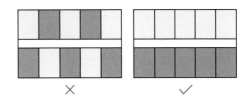

将人员长期使用的功能和舒适度要求相近的空间集中组合布置，有利于此类空间的使用便利性，集中高效地利用有限的自然资源（自然通风采光和景观视野）；对于后勤、设备用房等，对于舒适度的要求较主要使用空间（如办公用房、居住用房）要低，可将其布置在朝向和位置次一级的空间，形成"环境（噪声、温度等）阻尼区"；高舒适度需求空间与低舒适度需求空间穿插布置，会给使用者带来较差的舒适度体验。

A5-2
引导健康行为

健康的身心能够使人们充满活力地完成工作并快乐地享受业余生活。身心健康的人适应性较强，会减少对室内环境的依赖，增加室外活动的时间，从而降低能源的消耗。因此，增加室外、半室外的交通空间，设置适宜的活动空间，鼓励室外活动，能够有效地改善身心健康状况，也减少人们对能源的依赖程度。

A5-2-1　　　　　　　　　　　方案设计

在气候适宜区增设半室外交通空间，鼓励室外出行

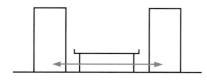

　　自然的环境能够给人们带来身心愉悦，室外的新鲜空气可以舒缓人们的精神、补充人们的精力。相较于室内运动，在自然环境中运动能更加高效地缓解人们的压力，更加快速地恢复精力。因此，尽可能多地设计檐廊、连续雨篷、架空层等可遮风避雨的半室外空间供人行走，增加与自然全天候接触的机会。

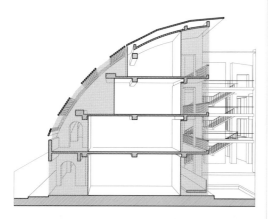

案例：德阳奥林匹克后备人才学校

A5-2-2　　　　　　　　　　　方案设计

将室内使用功能延展到室外，培养室外行为方式，通过建筑屋顶、檐廊、露台营造促进公共交流的空间

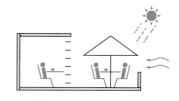

　　充分利用平屋顶、檐廊、露台或中庭打造交流空间，特别是无需暖通空调参与的室外公共空间。檐廊、雨篷等构件既可以防止（炎热地区）夏日阳光直接进入室内，又能够提供室外遮阳的活动区。屋顶、露台等空间给人们（尤其是建筑较高层的使用者）提供了难得的室外空间。通过鼓励室外空间减少对布置分散、人均使用率低的固定场所的使用。

案例：中国建筑设计研究院科研示范中心利用局部屋顶平台设置室外活动空间。

A5-2-3 方案设计

控制室内楼梯、坡道与建筑物主入口和电梯的距离，提高楼梯、坡道的辨识度，增加其使用率

缩短楼梯至建筑出入口的距离，楼梯尽可能靠电梯设置，设计带有趣味性、参与性的楼梯和坡道，吸引并鼓励人们（尤其是低楼层的使用者）尽可能使用楼梯和坡道，通过增加楼梯坡道的使用率，减少电梯的使用，来引导健康交通方式。

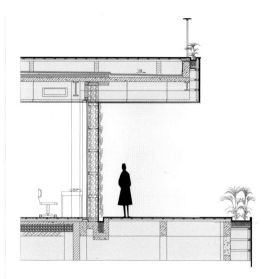

案例：雄安设计中心
设计将传统意义的室内交通走廊定义为半室外檐廊，灰空间依靠热压获得良好的通风效果，并通过沿途设置多层次绿植获得连续的景观体验。

A5-2-4 方案设计

交通空间的设置宜结合采光、通风、室内外景观效果综合考虑

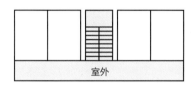

室外

垂直交通空间（如楼梯、坡道等）增加其自然通风、自然采光和景观视野的可能性，提升人员使用交通的舒适度体验，同时可以减少机械通风和人工照明所带来的能源消耗。水平交通空间是使用率较高的场所，通过透明边界将室外景观引入室内，营造半室外的空间氛围。

A5-2-5 方案设计

办公空间或人员长期停留的场所应设置一定比例的休闲健身空间

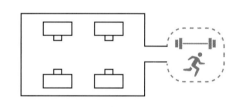

办公空间或人员长期停留的公共场所应设置专门的锻炼健身空间，且应具备一定的面积，空间要求宜满足长期使用人员人均0.1m²、总面积不小于20m²。该场所宜直通室外或可获得自然通风、直接采光、景观视野等物理性能和心理需求；配备相应面积的室外活动场地，并结合景观等设置；配备健身器材存放场地。

A5-2-6 　　　　　方案设计
在建筑物附近设非机动车停放点，为低碳出行提供便利条件

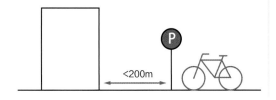

提高非机动车的使用率，降低机动车的使用率，通过鼓励运动的方式提高公众的身体健康。建议非机动车停车位至少满足5%的使用者数量，并配比设计淋浴间、更衣间、储物柜（建议每100个车位设置1个淋浴头）。鼓励非机动车（尤其是共享单车）的使用。此类空间宜设置在建筑主入口处或距离主入口200m范围内。

A5-3
植入自然空间

将有限的空间环境融入自然景观，穿插室外生态庭院，或模糊建筑物与自然的边界，或营造室内绿植空间。把人性化作为核心，充分尊重使用者的生理、心理及精神需求，主张人与自然的和谐共生。同时，自然空间也调蓄着空间的自然性，形成天然的采光、通风、视景。

A5-3-1 　　　　　方案设计
围绕建筑功能与主要动线，穿插室外生态庭院

庭院空间是室外空间的调和与补充，是室内空间的延伸与扩展，是整个建筑空间的一个有机组成部分。根据建筑功能的动静分区和交通节点、公共区域的设置，穿插设计室外生态庭院；

围绕建筑流线间断或连续布置室外生态庭院，缓解单一视觉环境，缩短使用者的心理行走距离。

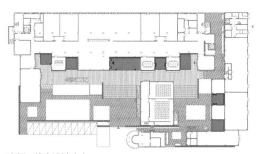

案例：雄安设计中心
建筑内部展廊沿线间隔设置室外庭院，优化室内采光效果的同时，将自然景观引入室内。

A5-3-2 方案设计
在全年气候适宜区将外部环境延展至室内，模糊建筑与自然边界

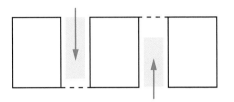

　　创造合适的室内外空间联系。特别是在全年气候适宜区，利用空间渗透手法融合建筑布局，增强室内外视野的连续性。空间渗透是将建筑形态处理成有层次的凹凸推进，建筑伸入环境的同时，环境亦渗透进建筑；使建筑形态不拘泥于机械建筑边界。

A5-3-3 方案设计
在冬季严寒及寒冷地区可利用中庭营造室内庭院

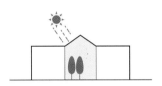

　　当建设用地处于冬季寒冷或严寒地区，无法提供全年舒适的室外环境，建筑设计宜利用中庭营造室内庭院，形成具有位于建筑内部的"室外空间"，建立一种与外部空间既隔离又融合的特有形式，可令使用者在气候恶劣时足不出户即可感受人与自然的交融；可以利用采光顶、阳光房等设计减少对能源的依赖。

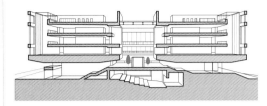

案例：东北大学浑南校区图书馆
建筑内部设置采光中庭，于冬季可引入自然光线，并保证活动休憩空间的舒适度。

A5-3-4 方案设计
中庭、檐廊、平台等开放空间尽可能结合绿色植物营造生态性空间

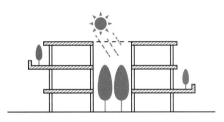

　　利用开放空间的大面积、大体量优势，结合绿色植物改善建筑物内部微环境，建造室内生态系统。可利用平面及立面，从整体到细节，选择适宜栽培的绿色植物种类，配合采光天窗等设施或半室外环境促进植物光合作用，提供有机富氧空间，优化视觉效果，对降噪、隔声、改善局部温湿度都有作用。

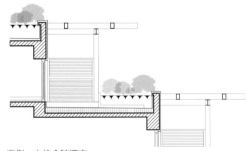

案例：中信金陵酒店
客房外的阳台上方设连续的格栅，为爬藤植物提供攀爬条件。

A5-3-5   方案设计
高层建筑利用屋面和各层平台营造空中花园

在高层建筑中营造空中花园，为在其中生活工作的人们提供接触类似地面的自然环境空间。空中花园之间的竖向楼层间隔宜控制在6层以内，便于相邻楼层人员使用；空中花园的设计并不局限于景观庭院，还可以扩展为屋顶菜园、运动场地等多种形式。

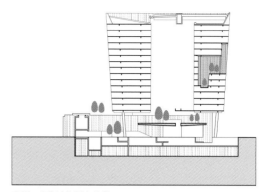

案例：中海油集团办公楼

A5-4
设置弹性空间

我国建筑结构主体多采用钢筋混凝土承重墙，空间形式和完整度受限，灵活可变性差。通过开放空间体系 + 轻质隔断 + 管线分离，使得建筑内部空间更加完整，为创造通用开放、灵活可变的弹性空间提供了基础条件。可根据不同的使用需求对空间进行划分，并满足将来建筑功能转换和改造再利用的需求。

A5-4-1   方案设计
满足内部空间的灵活性与适应性要求，便于灵活布置空间和后期维护改造

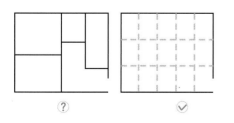

设置弹性空间，旨在展现建筑空间的灵活性与适应性，主要表现在建筑结构主体不变的前提下，内部空间的划分和组合可以满足不同使用需求。即便建筑属性随着时间和空间的改变发生变化，转为其他功能，具有灵活性与适应性的内部空间通过重新划分和组合，依然可以满足新的使用需求。

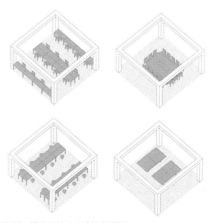

案例：雄安设计中心多功能模块

A5-4-2 方案设计

采用开放空间结构体系，为设置弹性空间创造基础条件

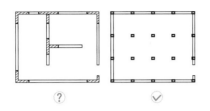

建筑设计应采取开放空间结构体系，在满足结构承重要求的基础上，优化柱网和平面布局，尽可能取消内部空间承重墙体，为空间划分和功能转换需求创造有利条件。同时，合理控制建筑物体形系数，平面宜规整，减少开口凹槽、凹凸墙体，满足节能、节地、节材要求。一体化的建筑空间可提高空间使用率，内部空间舒适度也相应提高，且可保证施工的合理性。

青年之家　　　中年之家　　　老年之家

案例：上海绿地威廉公馆
适应家庭全生命周期，在住宅主体不变的情况下，满足不同居住需求和生活方式，适应未来空间的改造和功能布局的变化。

A5-4-3 方案设计

采用轻质隔断划分内部空间，实现空间使用多样化

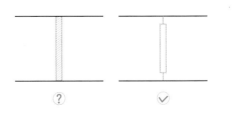

弹性空间是对空间的最大化利用，在开放空间结构体系下，将每一个独立的功能区域分隔又重合使用。平面上，可通过设置轻钢龙骨石膏板等轻质隔墙或者隔断进行灵活的内部空间划分。分隔出的空间可封闭也可以半通透，以灵活满足不同的使用需要。空间上采用能升降、伸缩活动性的吊顶或地面设计，既可以丰富功能空间使用时的时空变化，又可以满足改变其使用性质时的需求。

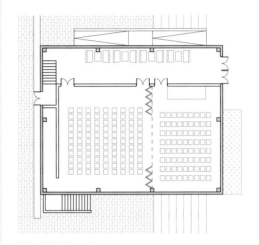

案例：雄安设计中心
大会议厅内设轻质隔墙，可分隔为两个会议厅，根据需求灵活使用。

A5-4-4 方案设计

采用管线分离方式，满足定期和长期的维护修缮要求

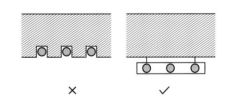

管线分离指设备管线与结构主体、内装三者相分离，将管线敷设在吊顶架空层、墙面架空层或轻质隔墙空腔内以及地面架空层中。管线的敷设通常会对建筑的主体结构产生影响，不利于设置弹性空间，而采用管线分离的方式可使管线完全独立于主体结构以外，大大提高了内部空间的完整性和使用率；此外，分离式管线施工程序明了，铺设位置明确，后期易维护。

A5-5
优化视觉体验

建立视觉通廊的前提是存在或拟建立良好的"视点"与"景点"关系，两点之间不存在超过视线要求高度的障碍以实现良好的视觉沟通，保持视觉通畅，带来美学体验，避免形成墙壁效应。另一方面，在保持使用者隐私的前提下，尽可能地为使用者提供方便，从卫生、便捷、生理、心理等多角度进行设计。

A5-5-1　　　　　　　　　　　方案设计
室内空间组织充分利用外部环境景观条件，保证视线通廊的连续性、均好性

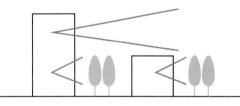

当建筑处于景观连线上时，在建筑体块上开口，以连通两侧景观要素或视线节点，或者因建筑可能形成阻挡而切削建筑体量，即可形成"视线通廊"。充分利用景观资源，照顾每一个使用者的视觉感受。在医院病房楼，一床一窗的设计可以为每位住院患者带来相同的景观资源，改善心理感受。

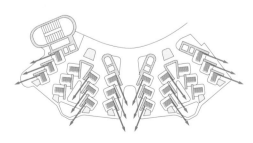

案例：新加坡黄廷芳医院护理单元
护理单元根据病床摆放角度确定外立面节点朝向，确保每个床位均拥有室外景观视野。

A5-5-2　　　　　　　　　　　方案设计
结合使用者视线高度、视线需求综合考量开窗洞口位置和栏杆设置

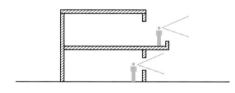

建筑应考虑使用者站姿和坐姿眼高视线可达范围内，避免窗框、护窗栏杆的遮挡；幼教类建筑应针对幼儿目高位置适当降低窗台及观察洞口高度；中庭及观演看台等大型空间内的视野、视线可达范围内，应配合美学设计，无论是坐姿还是站姿，均不可被栏杆或扶手等遮挡视线。

A5-5-3　　　　　　　方案设计，技术深化
借助色彩设计对空间表达进行改善，关爱使用者的视觉及心理体验

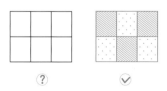

通过色彩设计对建筑空间形体块面的层次和轮廓做弱化及强调处理，会给使用者带来不同的心理感受，消除视觉干扰，减少视觉疲劳。

A5-5-4　　　　　　　　　　　　方案设计
视线干扰设计保证使用者私密性

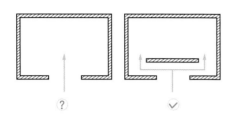

私密性设计作为室内设计的重要组成部分之一，在室内空间美化、突出空间个性、保护使用者心理安全感等方面发挥着重要作用。有私密性要求的功能房间应注意防止视线通达，保证隐私。例如机场、火车站等公共交通站场，医院等公共建筑，在不设置门的公共卫生间入口引入迷路设计手法。

A5-6
提升室内环境

重视室内环境的健康性、舒适性，室内环境应通过提升风、光、热、声、空气品质等环境质量，防止炫光，噪声等干扰，达到健康和舒适的目的。

A5-6-1　　　　　　　　　　　技术深化
居住类建筑的卧室、起居室通过设定窗地比下限，保证自然采光效果

合理设计功能空间的窗户，窗洞口离地面高度不宜过低，窗地面积比不宜太小，在平衡室内热工环境的前提下，适当增加外立面开窗或透光面比例。

A5-6-2　　　　　　　　　　　方案设计
室内黑房间、大进深房间可利用主动式采光装置引入自然光线

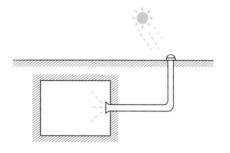

主动式采光技术装置包括高反射内壁导光管、吊顶导光板、聚光装置、光导纤维等。利用主动式采光技术装置可优化日光使用。室内黑房间可使用高反射内壁导光管，大进深房间（指外墙到外墙超过14m的房间）可采用吊顶导光板将光线导入室内。

A5-6-3 技术深化

公共建筑通过遮阳和调光控制防止室内眩光影响

采光窗根据朝向设置遮阳系统，人工照明随天然光照度变化自动调节，不仅可以保证良好的光环境，避免室内产生过高的明暗亮度对比，还能在较大程度上降低照明能耗。

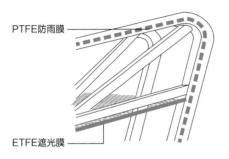

案例：国家体育场
国家体育场开创性地使用了双侧膜包裹钢结构覆盖看台区，上层采用PTFE玻璃纤维结构模来防止雨水下漏至看台，下层ETFE乙烯—四氯乙烯共聚物对直射的太阳光线形成过滤，避免钢结构杆件阴影投射到看台场地。

A5-6-4 技术深化

居住类建筑的卧室、起居室通过设定通风开口面积与房间地板面积比下限保证自然通风效果

居住建筑获得足够的自然通风与通风开口面积大小密切相关，因此通风开口面积与房间地板面积的比例不宜太小。夏热冬冷和夏热冬暖地区具有良好的自然通风条件，这一比例应适当提高要求。

A5-6-5 方案设计

采取有效构造措施加强建筑内部的自然通风

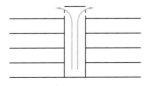

采用导风墙、捕风窗、拔风井、太阳能拔风道等诱导气流的措施，加强建筑内部的自然通风。设有中庭的建筑宜在适宜季节利用烟囱效应引导热压通风。高层住宅可设置通风器，有组织地引导自然通风。

A5-6-6 方案设计

严寒及寒冷地区面对冬季主导风向的外门设置门斗

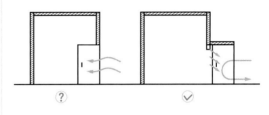

门斗的设置可有效改善建筑入口通风环境，做到物理气封，减少对能源的依赖。

A5-6-7 方案设计，技术深化

合理设置建筑布局，噪声敏感房间远离噪声区或采取降噪措施

结合使用功能布局将进行动静分区，提高门窗和噪声敏感房间的墙体的隔声性能，减少噪声干扰。

A5-6-8 方案设计

室内土建装饰材料减少挥发性有机化合物

选用的装饰装修材料满足国家现行绿色产品评价标准中对有害物质限量的要求。室内土建装饰材料，如内墙涂覆材料、木器漆、地坪涂料、壁纸、陶瓷砖、卫生瓷砖、人造板和木质地板、防水涂料、密封胶、家具等产品，应满足国家绿色产品系列标准。

A5-6-9　　　　　方案设计
室外环境污染严重地区设置空气净化系统及空气质量监控系统

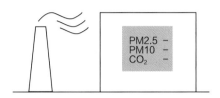

对于室外环境污染严重地区，宜设置空气净化系统，并对室内空气质量进行监控。

安装监控系统的建筑，系统至少对PM10、PM2.5、CO_2分别进行定时连续测量、显示、记录和数据传输，监测系统对污染物浓度的读数时间间隔不得长于10min。当监测的空气质量偏离理想阈值时，系统应作出警示，建筑管理方应对可能影响这些指标的系统作出及时的调试或调整。

A5-7
布置宜人设施

基于对人的行为路径、活动的高效便捷和安全可靠性等方面的研究，从全体人群和全年龄段人群的需求和感受出发，注重精细化设计，布置人性化设施，使人有更多的获得感。

A5-7-1　　　　　方案设计
合理规划场地流线，并设置缘石坡道、轮椅坡道、盲道等辅助设施

室外公共活动场地及道路应满足人性化设计要求。对场地道路及路线进行合理规划；考虑使用者的通行需求；对场地辅助设施（缘石坡道、轮椅坡道、盲道、人行横道等）位置、尺寸进行设计；场地高差通过坡地地形或设置轮椅坡道解决。

案例：商丘博物馆
设计将游客进入博物馆的主要路径通过地形连桥自然抬起，确保残障人群无障碍进入场馆的同时，让坡道与建筑形式语言浑然一体。

A5-7-2 方案设计

公共建筑内设置母婴室、医疗救护站、无性别卫生间、垃圾分类点等人性化设施

公共建筑内应考虑特殊人群的使用需求，提供私密空间和设施配备。设立母婴室，为哺乳期或孕产妇提供休息空间，注重建筑色彩对环境的影响，营造室内温馨环境；设置一定数量的无性别卫生间，考虑不同性别的家庭成员外出时，为行动无法自理、如厕不便的人提供服务。

A5-7-3 方案设计

公共区域设置休息座椅，方便人群休憩

考虑到使用者行走疲劳，公共活动区域应根据使用人数设置一定数量的休息座椅，建议间隔50～100m，休息座椅旁设置轮椅存放区域。

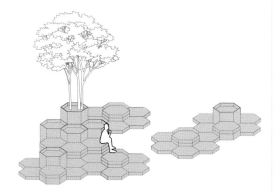

案例：王府井商业街改造工程
设计根据王府井街区的人员停留密度设置公共休憩座椅，座椅形状以六边形作为单元母题，并衍生出绿化种植槽、遮阳伞等元素，提升城市街区友好度。

A5-7-4 方案设计

合理规划室内流线并设置无障碍电梯、无障碍卫生间等辅助设施

合理规划室内流线，连接各主要功能空间；为行动不便和提重物的人群设置无障碍电梯，满足使用者的移动和操作需求；无障碍卫生间提供方便使用者起身、移动和施力的空间布局及设施。

A5-7-5 技术深化

将突出器具（饮水机、垃圾桶）嵌入墙体，减少室内通道行进的磕绊风险

为保证使用者的通行安全，消除行进磕绊风险，通道路面上的标志物、报纸架、自动饮水机及垃圾桶等设施，采用嵌入墙体式或放置在通道外。

A5-7-6 技术深化

在老年人、幼儿可达的公共建筑的公共区域，采取"适老益童"设计措施

室内外公众可达的公共区域避免粗糙墙面，墙柱阳角采用圆角设计或增加护角，防止尖角对使用者造成伤害；在使用者触手可及的位置设置安全抓杆或扶手，扶手的形式、材质、色彩及安装应符合相关设计规范。

A5-7-7
技术深化

通过材质、色彩等方式将标识系统与建筑空间一体化考虑

　　标识系统需紧密结合建筑空间特点，从环境色彩、尺度等方面考虑标识类型、材质及配色。在公共区域的出入口和行进路线转向处，结合建筑空间造型设置引导标识，为使用者提供安全、便捷的导向信息；考虑标识系统的可辨识度、标识决策点的位置合理性、线路的连贯性等，体现人性化的关怀；对建筑室内外的危险区域，设置必要的警示标识。

方法拓展栏

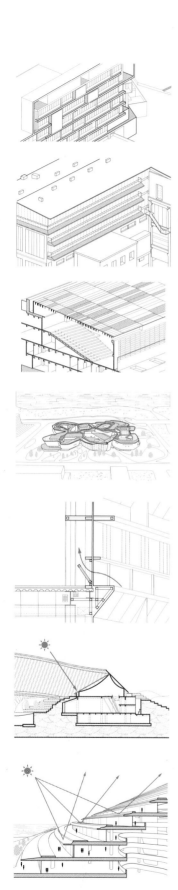

A6

围护界面

项目 玉树康巴艺术中心   摄影 张广源

A6

围护界面

A6-1

优化围护墙体

围护墙体是建筑与外部环境直接接触的界面，直接受到自然及人工环境的作用，通过优化围护墙体的热工性能，如蓄热能力、隔热能力，对其薄弱环节，如冷热桥构造的加强处理，可使得室内空间环境维持相对稳定的状态，可减少能耗，对提升舒适度有直接帮助。

A6-1-1　　　　　　　　　　方案设计

选择蓄热能力较好的外墙体系

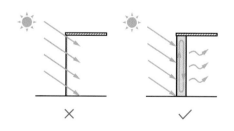

在日间与夜间存在较大温差的环境中，应用蓄热能力较好的外墙材料，可提高建筑物的热惯性，使室内温度变化幅度减小，提高舒适度，并减少采暖或空调设备的开停次数，从而提高设备的运行效率，达到节能效果。

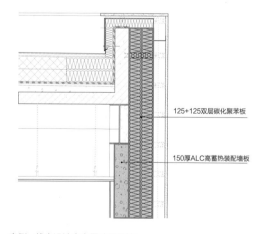

125+125双层碳化聚苯板

150厚ALC高蓄热装配墙板

案例：雄安设计中心零碳展示馆
项目外墙采用ALC高蓄热装配墙板+碳化聚苯板组合保温材料，大幅降低外墙热损与传热性能，从而降低室内能耗。

A6-1-2 方案设计

利用双层幕墙形成围护墙体中空层，减少外墙室内外热交换影响

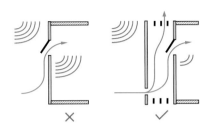

当建筑物采用双层呼吸式幕墙时，由于两层幕墙中间空气流通层的存在，幕墙空腔具有通风换气的功能，且兼具良好的热工与隔声性能。当建筑处于高纬度地区时，可采用外循环双层通风幕墙；当建筑处于中低纬度地区时，可采用内循环双层幕墙通风。

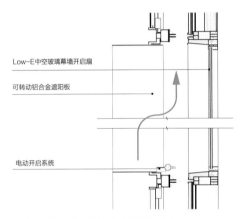

Low-E中空玻璃幕墙开启扇

可转动铝合金遮阳板

电动开启系统

案例：中国建筑设计研究院创新可研示范中心
项目采用Low-E中空玻璃+陶板双层幕墙的方式，外层陶板幕墙同时作为外遮阳措施，降低西晒对外墙的热辐射。

A6-1-3 技术深化

采用隔热效果较好的Low-E中空玻璃，减少室内外交换热损耗

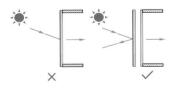

建筑玻璃门窗的选择应考虑室内外热量交

换，宜选择隔热效果较好的Low-E中空玻璃，相比传统玻璃，该玻璃热辐射率低，可有效减少室内外交换热损耗，达到节能效果。而对于不同纬度的地区，可根据不同遮光与可见光的控制要求，选择不同的膜层位置的Low-E中空玻璃。

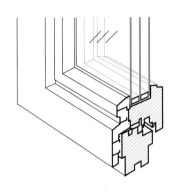

A6-1-4 技术深化

选用隔热、断热型材幕墙，避免螺钉连接室内外铝型材

传统的门窗幕墙连接方式是用螺钉贯穿室内外型材，其弊端是螺钉会成为热桥，即成为室内外的热交换的载体，破坏室内的热环境。采用隔热幕墙铝型材可解决此问题，其原理为：用隔热条将型材室内一侧和室外一侧压合在一起，而夹持玻璃的幕墙外压盖只与外侧型材连接，无需再用螺钉连接到室内一侧的铝型材上，因而避免了热桥。

A6-1-5 技术深化

冷热桥薄弱位置处保温构造需加强处理

外墙和屋面等围护结构中的钢筋混凝土或金属梁、柱、肋等部位容易形成冷热桥，在室内外存在温差时，这些部位传热能力强，导致室内表面温度较低。所以应当注意加强冷热桥处保温构造，以防止在冷热桥处损失热能。

A6-2
设计屋面构造

屋顶是房屋最上层覆盖的外围护结构，可抵御自然界的风霜雨雪、太阳辐射、气温变化和其他外界的不利因素，以使屋顶覆盖下的空间有一个良好的使用环境。屋顶界面设施可采用光伏板、屋顶绿化、浅色屋面铺装等形式。屋顶在构造设计时应注意解决防水、保温、隔热以及隔声、防火等问题，保证屋顶的强度、刚度和整体空间的稳定性，并防止因过大的结构变形引起防水层开裂、漏水。

A6-2-1 　　　　　　　　　　方案设计
日照条件好的地区考虑设置屋面光伏板等太阳能自然能源收集系统

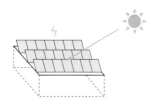

　　当建设用地有较好的日照条件时，可以考虑设置屋面光伏板等太阳能源搜集系统来将其转化为建筑所需的电能。光伏板宜按一定角度倾斜放置，以确保光伏板获得的年总辐射量达到最大。屋面根据光伏板安装形式一般可分为三种形式：水平屋顶、倾斜屋顶与光伏采光顶。

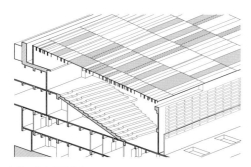

案例：华大基因中心
项目地处深圳，日照条件充沛，屋顶采用光伏板结合天窗幕墙与屋顶绿化设置，总装机容量约200kWp。

A6-2-2 　　　　　　　　　　方案设计
屋面尽可能考虑设置屋顶花园或绿化，有效保温隔热降噪

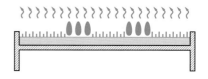

　　由于种植植被所需要的覆土，加上植物的蒸腾作用，利用建筑屋顶设置花园或绿化能对屋面起到较好的保温隔热效果，也对屋面起了一定程度的保护作用；同时由于植物对声波具有吸收作用，绿化后的屋顶相比常规屋顶，可降低室外噪声，为人们提供丰富的室外空间体验场所。设置屋顶花园或绿化时，应留意屋面的荷载预留、排水等相关措施。

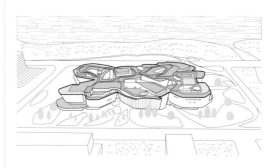

案例：遂宁宋瓷文化中心
全绿化覆盖屋顶平台通过慢行步道进行连接，形成了漂浮的地景。

种植屋面的植物、覆土及相应的荷载需求、防排水措施应精细化设计

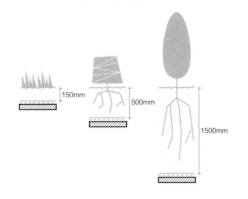

种植屋面的植被选用耐晒植物类型，可增加植物的存活率，有条件时亦选择大型乔木以提供遮阴场所。种植屋面为满足必要的植物生长需求，其覆土层厚度往往不少于15cm。为尽可能减少其荷载，宜选用轻质种植土，需留意轻质种植土水饱和容重情况下对屋面荷载的影响。此外，屋顶防水与排水也是屋面构造设计的核心，种植屋面因种植土长期保持一定的水分，对屋面的防排水设计有更高的要求。

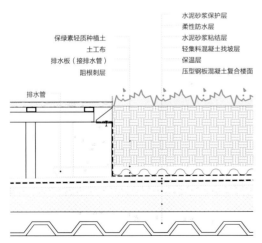

案例：雄安设计中心
屋面种植采用保绿素轻质骨料作为种植基质，大幅度降低屋面永久荷载。

屋面铺装尽可能减少平滑深色材料，多使用多孔表面

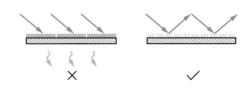

深色材料相比浅色材料具有更强的吸收太阳辐射热的能力，而平滑材料相比多孔表面材料具有更强的导热能力。屋面铺装直接受太阳能辐射影响，若减少平滑深色材料，多使用多孔表面及浅色材料，可有效减少室内温度的波动。

架空型保温屋面可利用空气间层减少热传递作用

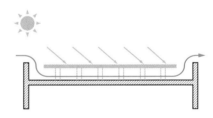

通风较好、夏热冬冷的地区可以设置架空型保温屋面。架空型保温屋面利用风压和热压的作用将屋面吸收的太阳辐射热带走，大大提高屋盖的隔热能力，并减少室外热作用对室内的影响。而在严寒地区，不适宜设置架空型保温屋面。

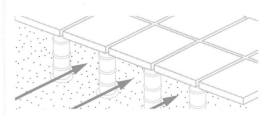

A6-2-6 技术深化

倒置式保温屋面可借助高效保温材料有效提高防水层使用寿命与整体性

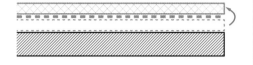

倒置式保温屋面的做法是将保温层设置在防水层上方,形成防水层保护层,相比正置式保温屋面,该做法可提高防水层使用寿命和整体性。

A6-2-7 技术深化

热反射屋面借助高反射材料可有效降低辐射传热和对流传热作用

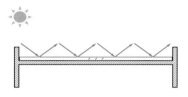

热反射屋面借助高反射材料可有效降低辐射传热和对流传热作用,从而降低屋面的温度,减少空调制冷耗能。热反射屋面的做法包括:使用浅色或白色涂料、热反射涂料、浅色或白色屋面卷材以及热反射屋面瓦等,其中热反射涂料相对其他技术手段应用范围更广。该做法适用于夏热冬暖及夏热冬冷地区。

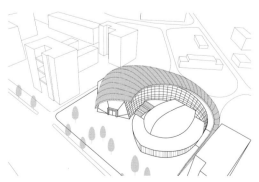

案例:南京艺术学院美术馆
屋面采用中灰色钛锌铝板形成热反射作用,减少热量进入室内空间的同时,不会对周边建筑形成光污染。

A6-2-8 技术深化

通风瓦屋面系统降低建筑顶层室内的温度

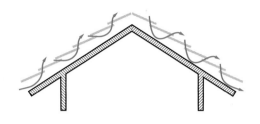

相比传统瓦屋面,通风瓦屋面系统在普通坡屋面中增加挂瓦条、通风檐口和通风屋脊,通过热压将屋面吸收的太阳辐射热带走,大大提高屋盖的隔热能力,有效优化屋面热工性能,具有质量轻、施工周期短、节能环保、成本低的优势。该做法主要适用于夏热冬暖和部分夏热冬冷地区。

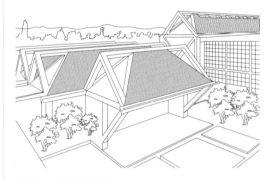

案例:中国驻南非大使馆

A6-2-9   方案阶段

蓄水屋面提升屋顶围护界面蓄热隔热效果

　　蓄水屋面与绿植屋面有着近似相通的围护性能提升效果。具有一定深度的水体可依靠其良好的蓄热隔热性能,代替传统屋面保温材料使用。蓄水屋面在屋顶的使用一方面可结合绿植景观丰富屋顶平台园林体验,另一方面也可突出水体效果,塑造"第五立面"的特殊观感。

案例:张家港金港文化中心
建筑将不同标高的屋面平台覆盖水体,水体一方面为进入室内的气流进行降温,另一方面也提高了所处屋面的蓄热能力。

A6-2-10   技术深化

设置屋面雨水收集系统

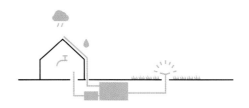

　　建筑屋面雨水收集利用系统具有良好的节水效能,可解决暴雨来临时产生的内涝。对雨水进行储存,可用于绿地灌溉、冲厕、路面清洗等。屋面雨水管应根据屋顶排水面积确定其管径及数量,为防止雨水管堵塞,在屋顶的雨水口处应设置过滤设施,方便清理杂物;屋面雨水通过雨水管汇集到雨水总管内,再依次进入雨水过滤池、蓄水池。

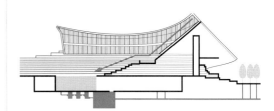

案例:世园会中国馆
地下雨水收集系统收集屋面排入的雨水后经净化过滤,反哺给周边的景观水池及浇灌使用。

A6-3
优化门窗系统

门窗是房屋能量流失的薄弱节点，其性能的发挥可以视为性能系统的有机组合。门窗的设置除了应充分考虑最优的采光通风采暖等需求外，还应需要考虑其水密性、气密性、抗风压、机械力学强度、隔热、隔声、防盗、遮阳、耐候性、操作便利性等一系列重要的功能。

A6-3-1   方案设计

控制不同朝向窗墙比，顺应夏季主导风向，避开冬季主导风

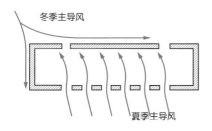

窗墙比反映窗户洞口面积与同朝向建筑立面面积的比值，不同朝向的墙体受太阳热辐射不同，对室内温度变化亦起到不同效果，而门窗又是围护结构中的薄弱构造，因此不同朝向的窗墙比对建筑能耗有直接影响。此外，不同朝向的窗墙比形成不同的室内气流流场和通风效果，对带走室内热量、人体的舒适感亦有直接关系，因此开窗应留意顺应夏季主导风向，避开冬季主导风。

案例：唐山第三空间
建筑面向西侧采取小洞口通风窗的方式最小化西晒影响，南向最大化窗洞大小为室内提供更好的视野与采光。

A6-3-2   方案设计

合理选择窗户开启方式，优先平开，减少推拉

窗户开启方式因密封性、通风效果、保温性能不同，对建筑能耗产生不同影响。开窗方式包括平开、上悬、下悬、推拉。平开窗具有通风、密封性好，隔声、保温、抗渗性能优良的优势；而推拉窗最大敞开度只能到达整个窗户面积的1/2，且密封性较差。因此门窗的开启优先选择平开方式，减少推拉方式。

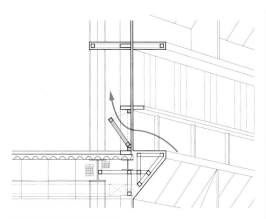

案例：广州中通生化综合楼
面向东南主导风向立面开窗采用落地上悬窗方式，促进引导外部气流进入室内。

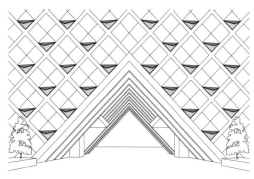

案例：神华集团办公楼
基于外幕墙菱形网格的分格框架，设计将菱形单元下半扇定义为开启扇，利用对角线长边作为开窗悬挂结构；在保证室内自然通风率的同时，将开启扇融入于外立面分格系统。

A6-3-3 方案设计

常规房间尽可能通过开窗实现自然排烟，减少机械排烟设备设施

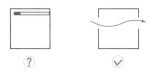

机械排烟相比自然排烟，需要的能耗、成本投入以及成本维护均较高，因此常规房间有条件时，应尽可能通过开窗实现自然排烟，减少机械排烟设备设施。此外，自然排烟只是房间对外开窗可实现的功能之一，房间对外开窗对采光、通风、采暖等亦有帮助，更有利于房间舒适性的实现。

A6-3-4 方案设计

在不需要开启窗户的地方使用固定窗，减少不必要的能量损失

门窗开启扇对密闭性有着严格的性能参数要求，设置过多的可开启扇无疑增加了缝隙处内外空气渗透的概率，因此绿色建筑在最大化自然通风的同时，也应减少不必要的开启扇，以获得使用房间更好的气密性，减少能耗损失。

A6-3-5 方案设计

日照条件好的地区可以采用太阳能光伏玻璃替代传统幕墙，夏季阻止能量进入，冬季防止室内能量流失

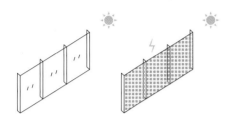

夏热冬冷地区有夏季隔热、冬季保暖的需求，若用太阳能光伏玻璃替代传统幕墙，因其透光率低于传统玻璃幕墙，可减少夏季进入室内的太阳辐射，亦可减少冬季室内对外的热辐射。此外，太阳能光伏玻璃的使用还有利于将太阳光转化为建筑所需电能。

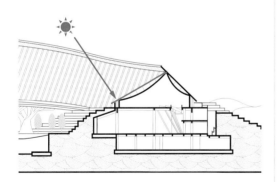

案例：世园会中国馆
南向坡屋面采用碲化镉光伏板替代传统玻璃幕墙，一方面实现了光伏发电再生能源的有效利用，同时光伏玻璃内部的彩色镀膜层也对室内空间形成一定的遮阳效果。

A6-3-6 方案设计

严寒地区和寒冷地区可根据太阳高度角精细化采光窗角度，冬季接收更多的太阳辐射热

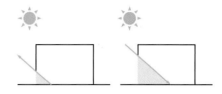

严寒地区和寒冷地区的冬季采暖可利用采光窗获得太阳辐射热，但采光窗同时也是室内能量耗散的薄弱环节，因此需根据太阳高度角精细化采光窗的角度，确保获得更多的热量。

A6-3-7 技术深化

根据空间使用需求，确定窗墙比、开窗位置、开窗大小、开窗形式、门窗气密性和隔声性能

门窗洞口涉及功能房间的采光、通风、保温、隔声等需求，确定其门窗属性时，应结合其空间使用需求进行设计，通过运用不同材料、门窗的不同施工方式以及不同形式的门窗，来确定其气密性、隔声性能、开窗位置、开窗大小和开窗形式。优选大窗，减少窗框影响。

A6-3-8

模拟外围护结构热工性能，合理确定门窗传热系数，在造价可控的情况下采用高性能窗户

外围护结构的热工性能与设计、成本等诸多因素有关联，通过模拟外围护结构热工性能，有助于合理确定门窗传热系数，找到能耗与技术经济合理的最佳平衡方案。

A6-3-9

可选用带有自动通风装置、具备自动调节采光能力的智能型门窗

外界环境与室内需求并非一成不变，选用有自动通风装置、具备自动调节采光能力的智能门窗，有助于房间内时时获取最佳的采光通风条件，获得更好的居住体验，减少能耗。

A6-3-10

保证自然通风开窗面积和节能窗墙比前提下优化立面美学设计

限制开窗的玻璃幕墙可采用实体幕墙区域开窗方式和通风柱格栅开窗方式来控制玻璃幕墙虚实比，实现采光、通风、节能、视野和美学的综合平衡。

A6-3-11

提高门窗框型材的热阻值，减少热损耗

门窗框型材直接与室内外接触，对热量传导起着直接作用。提高门窗框型材的热阻值，有助于减少热损耗。提高门窗热阻值主要有两种方式：选用导热系数小的框材，如木、塑或复合型框材；优化型腔断面的结构设计，在造价能接受的范围内，优先选用多腔型材。

A6-3-12

完善门窗气密性构造措施

影响门窗气密性主要有3个原因：存在压力差、存在缝隙、存在温差。针对影响气密性的成因，可从以下几点优化门窗的气密性：内外排水孔（缝）应左右错开，避免形成通缝；平开窗的密封条确保贴合窗框不变形；推拉窗毛条应与型材接触良好、密封到位，并保证一定的压缩量；把手安装位置合理，确保窗扇四周受力均匀。

A6-4
选取遮阳方式

建筑遮阳的目的是避免阳光直射造成眩光和室内过热。对应不同的建筑风格和朝向，可选择不同的遮阳形式，具体可分为临时性和永久性两大类。

A6-4-1 方案设计
鼓励利用建筑自身形态形成建筑自遮阳

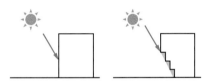

　　建筑自遮阳是运用建筑形体的外挑和变异，利用建筑构件（如屋顶挑檐、阳台、雨篷、突出墙面的挑板、壁柱等）自身产生的阴影来形成建筑的"自遮阳"，进而达到减少屋顶和墙体受热的目的。此外，自遮阳方式还具有建筑效果完整、遮阳效果持久、维护成本低的优点。

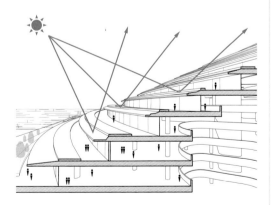

案例：东南航运中心总部大厦

A6-4-2 方案设计
南向窗户或低纬度北向窗户宜采取水平遮阳方式

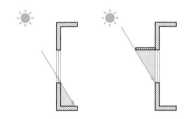

　　建筑通常都是坐北朝南的，因此建筑南向的窗户多半会被阳光直射，而水平遮阳是遮挡太阳直射光最普遍与有效的方式之一。在南方炎热地区，为了加强遮阳效果，可设计室外阳台或适当加大遮阳板的挑出距离。

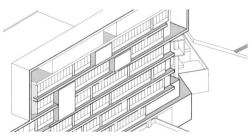

案例：浙江大学紫金港校区农生组团
教学楼外立面结合形式语言逻辑设置连续的水平式遮阳，避免靠近外窗区域的眩光影响。

A6-4-3 方案设计

东北、西北方向的窗户宜采取垂直遮阳方式

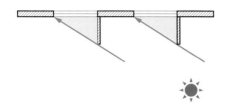

在北方或西北等寒冷和严寒地区，因为太阳高度角较小，应优先考虑垂直遮阳方式。在窗口两侧设置垂直方向的遮阳板，能够遮挡高度角较小的、从窗口两侧斜射过来的阳光。根据光线的来向和具体处理的不同，垂直遮阳板可以垂直于墙面，也可以与墙面形成一定度数的夹角。

案例：光华路SOHO（合作设计方：德国GMP事务所）
建筑外立面根据不同方位的日照条件与景观条件，对垂直遮阳角度进行精细化设计，形成丰富多变的立面肌理。

A6-4-4 方案设计

可通过永久性建筑构件，如：外檐廊、阳台、遮阳板等为建筑提供水平式遮阳

对于多层建筑，特别是在炎热地区的建筑，以及终年都需要遮阳的特殊房间，永久性建筑构件，如：外檐廊、阳台、遮阳板等，是一个比较好的选择。根据实际情况设计良好的固定遮阳设施，遮阳效率一般比较高，而且具有不

需要保养维护、遮阳效率不受人为控制因素影响的特点。

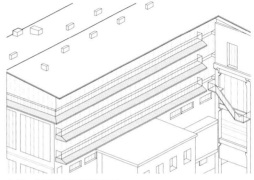

案例：首钢工舍智选假日酒店
利用酒店客房外阳台挑板形成遮阳板，有效遮挡南侧的直射光进入室内。

A6-4-5 方案设计

建筑立面可考虑采用方向可调节的遮阳构件，以便适应不同日照条件

可调节遮阳由于能适应不断变化的太阳高度角，在一天的大部分时间都能很好地起作用，相比固定遮阳，其能更灵活地隔断夏季直射阳光直接进入室内，从而改善室内热环境、降低建筑冷负荷能耗。可调节遮阳构件的形式主要有遮阳百叶、遮阳卷帘、可调节遮阳板等。

案例：雄安设计中心
员工餐厅西侧落地玻璃外侧设置转轴式电动遮阳，可根据西晒情况即时调节遮阳高度。

A6-4-6　　　　　　　　　　

通过靠近建筑种植大型乔木提供环境遮阳

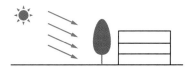

　　适当地选取植物的种类与合适的种植位置，能够改善建筑的能耗，增加体验舒适度；靠近建筑种植乔木，能有效地遮挡直射的阳光，但要注意把握方位与距离。该方式一般适用于低层建筑。

A6-4-7　　　　　　　　　　

可选择爬藤类植物提供墙面遮阳

　　爬藤类的植物在装饰墙面的同时能够起到一定的遮阳和隔热效果，但需要定期维护，避免植物的随机长势可能造成的采光遮挡；此外，墙面宜选择蓄热性较低且具有一定摩擦的材料，避免植物晒伤，有利于其附着生长。

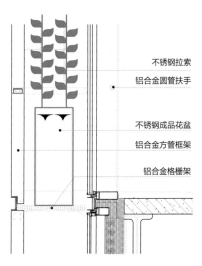

　　案例：中国建筑设计研究院创新可研示范中心
　　南立面在室外铝方管幕墙夹层设置铝合金花盆搁架及攀爬索，提供爬藤类植物生长条件，形成复合型遮阳。

A6-4-8　　　　　　　　　　

采光天窗宜采用电动式可调节遮阳百叶，适应不同的日照、采光条件

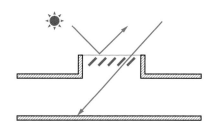

　　当建筑的体态较为庞大且室内需要采光时，往往会采取天窗的处理形式，通过采取遮阳板或者可调节的窗帘，适应不同的天气日照情况。由于天窗不便清理和维修，设计时应注重选择易清洁或方便代替的材料。

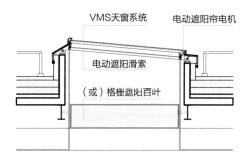

　　案例：雄安设计中心零碳展示馆
　　屋顶采光天窗设置双层遮阳系统，上部通过电动滑轨遮阳帘完成第一次滤光隔热，下部固定遮阳格栅进一步遮挡室外直射光。

方法拓展栏

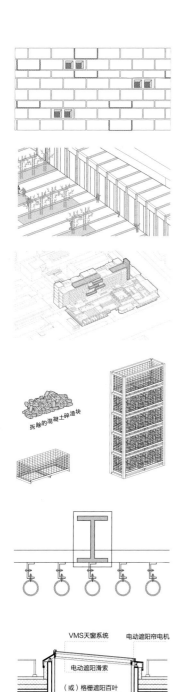

拆除的混凝土碎渣块

VMS天窗系统   电动遮阳帘电机

电动遮阳滑索

（或）格栅遮阳百叶

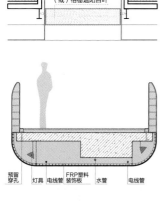

预留   灯具   电线管 FRP塑料   水管   电线管
穿孔   装饰板

A7

构造材料

A7

构造材料

A7-1

控制用材总量

在建筑设计与施工中，对建筑用材的总量进行精细化控制，从而节约资源和建筑成本。对建筑用材总量的涵义可有不同层面的理解，可从宏观层面考虑，如对共享设施的利用、对全建造周期的综合把握；也可从微观层面考虑，如标准化材料的规格及种类，改造时利用原有建筑等。

A7-1-1 策划规划

新建项目优先考虑共享周边既有设施

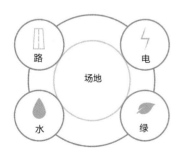

新建项目在策划选址阶段即应调研周边市政条件与可利用资源，优先共用既有的市政条件，减少建造新设施与重复投入。

A7-1-2 方案设计

改造项目中，采用"微介入"式改造策略，最大化利用原有建筑空间及结构

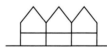 

在改造项目中，应尽量保留与保护原有建筑，尽可能地利用现有建筑资源进行改造，采用"微介入"式改造策略，最大化利用原有建筑空间及结构，既是对原有建筑的尊重，也能合理运用资源，减少建筑材料的不必要浪费。

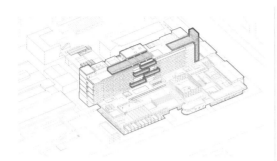

案例：雄安设计中心
设计对原有生产厂房主体结构及外立面90%予以保留，仅在建筑中部置入外悬挑平台，供办公人群日常休憩交流使用。

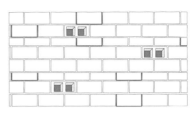

案例：康巴艺术中心
项目外墙利用基本的页岩砖、空心混凝土砌块，通过不同方向组合，形成兼具透气与美观的外墙效果。

A7-1-3 技术深化

控制材料及构造节点的规格种类，统筹利用材料减少损耗

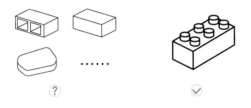

    适当控制建筑用材的种类及规格，便于材料加工与订货，方便材料的统计与统筹利用，可在一定程度上减少人工，减少资源的浪费；而控制构造节点的规格种类，简化施工难度，亦有利于统筹利用材料，减少损耗。

A7-1-4 技术深化

利用 BIM，搭建算量模型，精准掌控建材用量

    BIM技术通过对项目整体搭建模型，使数据信息集成共享，在模拟中为工程提供信息和依据。在工程算量方面，由于建材的信息化，BIM中对信息的及时更新、输入、修改、提取，反映和支持其各自职责的协同工作，使得建材用量得以精准掌控。

A7-2
鼓励就地取材

就地取材，有利于建筑生产的过程中"自给自足"，可以大大地减少经济和时间成本，从而简化生产的投入，加快施工的进程。就地所取之"材"，既可以是当地的建造材料，也可以是建筑本身在建造过程以及拆除过程中产生的可回收再利用材料，还可以是当地的常规或传统工艺做法。

A7-2-1　　　　　　　　　方案设计
尽量选择区域常规材料作为装饰主材，减少运输损耗成本

　　尽量选择区域常规（传统）材料作为装饰主材，可使建筑在生产过程中减少向外部获取材料的成本和时间投入，亦可减少运输损耗。此外，该做法也有利于展现当地建筑风貌，延续文脉记忆。

A7-2-2　　　　　　　　　方案设计
改造项目利用拆除过程中产生的废料重新建构，减少对社会的垃圾输出和排放

　　建筑的拆除过程中产生的废料可通过二次加工，或者作为基础的填补材料重新利用。例如一些砌块可作为挡土墙、景观路的铺设或填补，而一些木材则可以二次加工作为建筑装饰物件，或者作为建筑小品，从而节省新材成本。此外，该做法可减少对社会的垃圾输出和排放，并可有效延续场所记忆。

拆除的混凝土碎渣块

案例：雄安设计中心
项目利用改造过程中拆除的混凝土碎渣块作为填充材料，装入预制的石笼，形成连续的景观隔断墙体。

A7-2-3　　　　　　　　　方案设计
对改造过程中拆除的废料进行二次加工再应用

　　建筑施工时，可对现场的废料进行分类，将一些可作为二次使用的材料储存起来，如浇筑模板、玻璃塑料瓶等，方便后期使用；废料的有序回收也能够使施工现场的工作更有序，资源利用更加充分，使环境可持续地发展。

碎玻璃+石子+水泥研磨

捣碎　　　　　　　　　　再生玻璃混凝土

案例：雄安设计中心
将改造过程中拆除的玻璃经二次捣碎后，掺入地面水磨石作为"反射"骨料，丰富水磨石地面的肌理。

A7-2-4 技术深化

可采用地区常规工艺做法，提高建造效率，确保建造品质

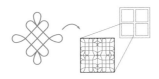

　　可采用地区常规工艺做法，提高建造效率，确保建造品质。采用地区常规（传统）工艺做法，因其工艺相对成熟，在施工过程可简化沟通环节并减少出错率，有利于保障建筑的完成度，提高建造效率，确保建造品质。

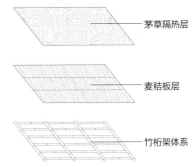

案例：九峰乡村会客厅
屋顶采用当地工匠熟知的竹桁架+麦秸板顶棚工艺，大幅降低了土建造价与施工周期。

茅草隔热层
麦秸板层
竹桁架体系

A7-3
循环再生材料

循环再生材料包括循环利用材料与可再生材料，前者指可回收多次利用的材料，如浇筑混凝土的木、钢质模板，后者则侧重说明某种材料的使用并非消耗品或唯一性，可通过自然环境或人工加工生成，如木材、竹材。选用循环再生材料可充分发挥、利用材料的自身价值，节约资源，保护环境。

A7-3-1 方案设计

鼓励使用可再生材料进行设计，优先选用再生周期短的可再生材料，方便快速更换

　　基于可再生材料的设计，有利于循环及可再生材料的精细设计，可充分发挥、利用材料的自身价值，节约资源，保护环境，也方便施工过程或后期维护的材料替换。而再生周期（十年内长成）短的可再生材料（如竹木、玉米纤维、软木板），可为建筑的改造和翻新提供充裕且便利的材料保证，也提供了方便快速更换的途径。

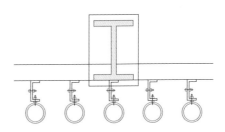

案例：海龙囤遗址谢家坝管理用房
设计将原始竹材作为立面格栅材料，通过螺丝固定于格栅钢龙骨框架。

A7-3-2　　　　　　　　方案设计
鼓励使用可回收材料

利用有回收成分的材料作为结构主体材料（如钢材等），有利于增加材料的使用周期和充分利用其价值；此外在建筑拆除时，可回收材料可增加整体回收的效率，减少资源浪费。

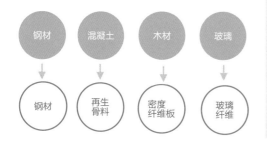

A7-3-3　　　　　　　　方案设计
鼓励使用可降解的有机自然材料

选用可自行降解的材料（如木材、麦秸秆板等），可使建筑在拆除和翻新过程中产生的相应废料对环境的干扰最小。

A7-4
室内外一体化

建筑宜将内部和外部统一，使得室内外在装饰、风格、体态、结构、平面等方面做到一致。室内外的一致性使得设计逻辑更加清晰，设计语言更加统一，体验感受也易得到连续。同时也可避免二次装修和机电管线的二次拆改。

A7-4-1　　　　　　　　方案设计
室内装修与园林景观应与建筑设计风格统一，方便材料采购的同时保证体验的连续性

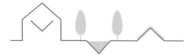

室内装修、园林景观与建筑设计风格的统一，在心理感受方面能够帮助人们快速融入场所氛围，有助于保持体验的连续性；在施工管理方面，有助于材料的采购和统筹。

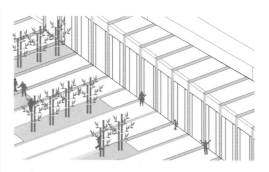

案例：奥林匹克传统元素下沉庭院
景观铺装延续了建筑立面设计语言及风格，形成连续一体化的三维肌理。

A7-4-2　　　　　　　　　　方案设计

土建设计与装修设计一体化同步进行，减少建筑材料和机电设施在衔接过程中的损耗

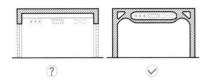

土建设计与装修设计一体化同步进行，有利于缩短施工周期，减少材料的浪费，避免机电管线的二次拆改。

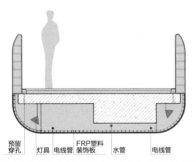

案例：数字北京大厦（合作设计方：都市实践建筑事务所）
内部连桥外包饰面与内部的设备管线、照明一体化设计，同步施工，获得简洁纯粹的建筑形体，避免二次拆改。

A7-4-3　　　　　　　　　　技术深化

鼓励设计室内外一体化的建构方式，统筹解决内外的衔接细节，保障完整的效果

对土建、室内、景观的细节做法进行统筹关联，利用完整的建构模型，做好衔接的节点控制，保证最终效果的整体性。

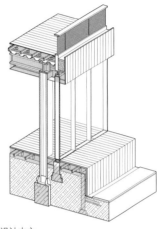

案例：雄安设计中心
设计将室内外生态木铺装、玻璃幕墙、金属网栏板整合为统一的外围护体系，内外同步施工，有效地控制了建造品质与施工周期。

方法拓展栏

附录

附录1

绿色建筑设计参考实例

附录 1
绿色建筑设计参考实例

海口市民游客中心

项目地点	海南省海口市
建筑规模	29800m²
完成时间	2018

项目用地较为平坦，靠山邻水，基地内环境优美。通过新建建筑，整合城市及沿湖空间，与周边主要建筑物形成连续界面，并遮挡南方电网对沿湖视觉环境的不良影响。将传统骑楼街巷的图底关系融入到建筑主体中，形成内街与带形下沉广场。建筑自然划分为东西两条，东侧靠山的部分与山体相结合，错落有致地处理为几个盒子体量插入山中；西侧面对南方电网形成连续界面，起到遮挡屏蔽作用；内街南端以一个伸入公园内湖的体量作为对景，充分体现了公园中建筑尺度宜人、灵动的特点。

场地研究	总体布局	形态生成	空间节能	功能行为	围护界面	构造材料
A1-1-3	A2-2-1	A3-1-2	A4-1-2	A5-1-2	A6-1-1	A7-1-1
A1-1-5	A2-2-2	A3-1-3	A4-2-3	A5-1-3	A6-1-3	A7-1-2
A1-2-2	A2-3-5	A3-2-1	A4-3-1	A5-2-1	A6-1-4	A7-2-1
A1-2-3	A2-3-7	A3-2-2	A4-4-3	A5-2-2	A6-2-1	A7-2-4
...	A2-3-8	A3-2-3	A4-6-1	A5-2-4	A6-2-2	A7-4-1
—	A2-3-9	A3-2-4	...	A5-3-4	A6-2-3	...
—	A2-3-11	A3-2-5	—	A5-4-2	A6-2-5	—
—	A2-3-13	A3-2-8	—	A5-5-1	A6-2-8	—
—	A2-5-4	A3-3-1	—	A5-7-1	...	—
—	A2-5-5	A3-4-2	—	A5-7-2	—	—
—	A2-5-7	A3-6-2	—	A5-7-3	—	—
—	A2-6-2	A3-6-3	—	A5-7-5	—	—
—	A2-6-4	...	—	...	—	—
—	A2-7-2	—	—	—	—	—
—	...	—	—	—	—	—

绩溪博物馆

项目地点	安徽省绩溪县
建筑规模	10000m²
完成时间	2013

场地研究	总体布局	形态生成	空间节能	功能行为	围护界面	构造材料
A1-1-1	A2-1-4	A3-1-1	A4-5-2	A5-1-2	A6-1-1	A7-2-1
A1-2-1	A2-2-3	A3-1-2	A4-5-3	A5-1-3	A6-1-3	A7-2-4
A1-2-4	A2-3-4	A3-2-2	A4-5-6	A5-2-3	A6-2-3	A7-3-1
A1-3-4	A2-3-7	A3-3-1	A4-6-7	A5-3-1	——	A7-4-1

中信金陵酒店

项目地点	北京市平谷区西峪
建筑规模	44000m²
完成时间	2012

场地研究	总体布局	形态生成	空间节能	功能行为	围护界面	构造材料
A1-1-3	A2-2-1	A3-1-3	A4-2-1	A5-1-4	A6-1-1	A7-1-1
A1-1-5	A2-3-3	A3-1-4	A4-3-2	A5-3-3	A6-1-4	A7-1-2
A1-2-3	A2-3-8	A3-4-3	A4-5-3	A5-3-4	A6-2-2	A7-4-1
——	A2-3-12	A3-6-1	A4-5-7	A5-5-1	A6-2-4	A7-4-2

江苏建筑职业技术学院图书馆

项目地点	江苏省徐州市
建筑规模	27800m²
完成时间	2014

江苏建筑职业技术学院坐落于徐州市南郊。设计出发点是希望营造一个树下读书的场所。通过井字梁与斜撑组成的清晰的混凝土结构，以及层层叠置的平台，在建筑形体上象征了树的寓意。图书馆平面采用8.4m×8.4m矩形柱网，所有的变化均在矩阵的控制下进行，而转折的

外边界则将更多的外部环境融为阅览区的窗景。由于图书馆位于校门与教学楼之间的区域，在位置上担负着承接周边地势，并链接步行交通的任务。建筑底层部分架空，面向水面方向扩大开口，使之成为一个拥有良好通风效果的开放交往空间，并将咖啡厅、书店、展厅、报告厅等公共功能安排于此，鼓励学生的室外休闲活动。屋顶花园可供科研人员在休息间隙凭栏远眺。

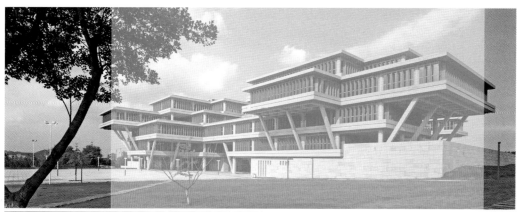

场地研究	总体布局	形态生成	空间节能	功能行为	围护界面	构造材料
A1-2-1	A2-1-1	A3-2-1	A4-1-1	A5-1-2	A6-1-4	A7-1-1
A1-2-2	A2-2-1	A3-2-3	A4-2-2	A5-2-1	A6-2-2	A7-1-2
A1-2-5	A2-3-4	A3-2-4	A4-3-1	A5-2-2	A6-2-3	A7-1-4
A1-3-4	A2-3-7	A3-2-5	A4-4-2	A5-2-3	A6-2-5	A7-4-1
A1-4-3	A2-3-9	A3-2-8	A4-4-3	A5-3-1	A6-2-2	A7-4-3
⋯	A2-3-12	A3-4-1	A4-5-4	A5-3-2	A6-3-2	⋯
—	A2-4-3	A3-4-3	A4-6-4	A5-3-4	A6-4-1	—
—	A2-5-2	A3-5-1	A4-6-7	A5-4-2	A6-4-2	—
—	A2-5-4	A3-5-2	⋯	A5-5-1	A6-4-3	—
—	A2-6-3	A3-6-1	—	A5-6-5	A6-4-4	—
—	A2-7-3	A3-6-3	—	A5-6-3	A6-4-6	—
—	⋯	A3-7-1	—	⋯	A6-4-7	—
—	—	A3-8-1	—	—	A6-4-8	—
—	—	A3-8-2	—	—	⋯	—
—	—	⋯	—	—	—	—

康巴艺术中心

项目地点	青海省玉树市
建筑规模	20000m²
完成时间	2014

场地研究	总体布局	形态生成	空间节能	功能行为	围护界面	构造材料
A1-1-3	A2-3-2	A3-1-1	A4-2-4	A5-1-4	A6-1-1	A7-1-1
A1-1-4	…	A3-1-2	A4-4-1	A5-2-6	A6-2-6	A7-1-4
A1-1-5	…	A3-2-5	A4-4-3	A5-3-3	A6-3-3	A7-3-1
A1-4-6	——	A3-3-1	A4-5-1	A5-4-3	A6-3-7	A7-3-3

敦煌莫高窟游客中心

项目地点	甘肃省敦煌市
建筑规模	10000m²
完成时间	2014

场地研究	总体布局	形态生成	空间节能	功能行为	围护界面	构造材料
A1-1-5	A2-1-1	A3-1-3	A4-2-1	A5-1-1	A6-1-1	A7-1-1
A1-2-1	A2-5-7	A3-2-1	A4-3-2	A5-4-4	A6-1-4	A7-2-1
A1-2-4	…	A3-2-7	A4-5-3	A5-5-4	A6-2-2	…
A1-2-6	——	A3-5-1	A4-6-6	A5-7-2	A6-2-4	——

雄安设计中心

项目地点	河北省雄安新区
建筑规模	12400m²
完成时间	2018

雄安设计中心是由中国建设科技集团与同济大学共同投资，由中国建设科技集团设计、建设、施工、运营一体化的项目。项目利用原有澳森制衣厂生产主楼进行改造，旨在为先期进驻雄安的国内外设计机构提供一个办公场所与交流平台。

项目整体改造策略上，遵循我集团崔愷院士提出的"微介入式"改造方向，以回归本元的绿色设计为导向，通过绿色生态空间建构、智慧共享社区营造等设计手段，积极响应国家关于雄安新区"生态优先、绿色发展"的整体定位。通过生长理念营造共享的活力社区，以现代手法延续中国传统院落空间和集群组合的意念。低成本的生态化建造过程全面应用了绿色化材料和结构体系，并借助创新定义的室内外过渡空间打造阳光外廊。能源循环方面，围绕光—电—水—绿—气五类能源构建自平衡循环系统，并将改造拆除过程中的废弃砖块、玻璃捣碎填充，重新形成由建筑废渣建构的景观片墙。

场地研究	总体布局	形态生成	空间节能	功能行为	围护界面	构造材料
A1-1-3	A2-1-3	A3-2-5	A4-1-1	A5-1-1	A6-1-1	A7-1-1
A1-1-4	A2-3-2	A3-2-8	A4-2-1	A5-1-2	A6-1-2	A7-1-2
A1-1-5	A2-3-3	A3-3-2	A4-2-2	A5-1-3	A6-1-3	A7-1-3
A1-2-1	A2-3-9	A3-4-1	A4-2-3	A5-2-1	A6-1-4	A7-1-4
A1-2-5	A2-3-10	A3-4-2	A4-2-4	A5-2-2	A6-2-1	A7-2-2
A1-3-1	A2-3-11	A3-4-3	A4-3-1	A5-3-1	A6-2-2	A7-2-3
A1-3-2	A2-3-12	A3-5-3	A4-4-3	A5-3-2	A6-2-3	A7-3-1
A1-3-3	A2-5-5	A3-6-1	A4-5-1	A5-3-4	A6-2-4	A7-3-2
A1-3-4	A2-5-7	A3-6-2	A4-5-2	A5-4-1	A6-2-5	A7-3-3
A1-4-1	...	A3-6-3	...	A5-4-3	A6-2-6	A7-4-2
A1-4-2	—	A3-7-1	—	A5-5-2	A6-2-7	A7-4-3
A1-4-3	—	A3-7-2	—	A5-5-3	A6-2-9	...
A1-4-5	—	A3-7-4	—	A5-5-4	A6-3-2	—
...	—	A3-8-3	—	A5-6-2	A6-4-5	—
—	—	A3-8-5	—	A5-6-9	A6-4-8	

德阳后备人才学校

项目地点	四川省德阳市
建筑规模	17400m²
完成时间	2009

场地研究	总体布局	形态生成	空间节能	功能行为	围护界面	构造材料
A1-1-1	A2-3-5	A3-2-2	A4-2-3	A5-1-2	A6-1-1	A7-1-1
A1-1-5	A2-3-8	A3-2-8	A4-5-3	A5-2-1	A6-1-4	A7-1-4
A1-2-1	A2-4-2	A3-4-1	A4-6-2	A5-4-1	A6-2-4	A7-2-1
A1-2-2	A2-4-3	A3-6-2	——	A5-5-3	A6-2-7	A7-4-2

东北大学图书馆

项目地点	辽宁省沈阳市
建筑规模	44000m²
完成时间	2012

场地研究	总体布局	形态生成	空间节能	功能行为	围护界面	构造材料
A1-1-1	A2-3-2	A3-2-6	A4-2-2	A5-1-3	A6-1-1	A7-1-1
A1-1-5	A2-5-4	A3-4-1	A4-3-2	A5-1-4	A6-1-3	A7-1-2
——	——	A3-4-2	A4-5-1	A5-3-3	A6-3-2	——
——	——	A3-7-2	——	A5-4-4	A6-4-3	——

遂宁宋瓷文化中心

项目地点	四川省遂宁市
建筑规模	121600m²
完成时间	2020

遂宁宋瓷文化中心将市文化馆、青少年宫、档案馆、图书馆、博物馆等城市文化服务职能整合在6个单体建筑内，形成群组式的文化综合体建筑。设计采用公园式的场所形态、整体化的建筑形态，同时着力塑造开放性、共享性、市民化的运营模式和建筑体验，并广泛地应用生态可持续的建筑技术与新型建筑材料。

设计从用地内农田沟壑的原始地形特征出发，顺应地势高差变化，并在其上叠加立体丰富的地面步行系统。为了形成整体形象，设计最大限度地留出地面空间，建筑的每个功能体都统一为下小上大的形式，在地面留出可穿越的通道，上部则靠在一起，形成整体屋面，在使得室外能获得更多的避雨空间的同时，也在下沉庭院中和屋顶上形成独一无二的完整空间体验。

场地研究	总体布局	形态生成	空间节能	功能行为	围护界面	构造材料
A1-1-1	A2-2-2	A3-1-2	A4-1-2	A5-1-1	A6-1-1	A7-1-1
A1-1-2	A2-3-3	A3-2-1	A4-2-3	A5-1-2	A6-1-3	A7-1-4
A1-1-3	A2-3-7	A3-2-3	A4-3-1	A5-2-1	A6-1-4	A7-2-2
A1-1-5	A2-3-12	A3-2-5	A4-3-3	A5-2-2	A6-2-2	A7-3-3
A1-2-1	A2-3-13	A3-4 1	A4-5-3	A5-2-4	A6-2-3	A7-4-3
A1-3-3	A2-4-2	A3-4-2	A4-5-6	A5-3-1	A6-2-4	…
A1-3-4	A2-5-2	A3-4-3	A4-6-2	A5-3-3	A6-2-5	——
…	A2-5-4	A3-6-1	A4-6-4	A5-3-4	A6-2-9	——
——	A2-6-2	…	A4-6-7	A5-4-4	A6-3-2	——
——	A2-7-3	——	…	A5-5-3	A6-3-6	
——	…	——	——	A5-6-5	A6-4-4	
——	——	——	——	A5-7-2	A6-4-6	
——	——	——	——	A5-7-7	A6-4-8	
——	——	——	——	…	…	

浙江大学农生组团

项目地点	浙江省杭州市
建筑规模	137200m²
完成时间	2010

场地研究	总体布局	形态生成	空间节能	功能行为	围护界面	构造材料
A1-1-2	A2-3-1	A3-1-1	A4-2-1	A5-1-2	A6-1-1	A7-1-1
A1-1-4	A2-3-4	A3-2-5	A4-2-3	A5-1-3	A6-1-3	A7-1-4
A1-2-1	A2-3-7	A3-2-8	A4-3-1	A5-2-1	A6-2-5	——
A1-3-4	A2-3-8	A3-4-3	A4-4-2	A5-2-4	A6-4-2	——

雄安市民服务中心企业办公区

项目地点	河北省雄安新区
建筑规模	36000m²
完成时间	2018

场地研究	总体布局	形态生成	空间节能	功能行为	围护界面	构造材料
A1-1-1	A2-3-3	A3-1-1	A4-1-2	A5-1-1	A6-1-1	A7-1-1
A1-1-4	A2-3-11	A3-2-5	A4-3-1	A5-2-2	A6-1-3	A7-1-2
A1-2-2	A2-4-1	A3-4-1	A4-4-2	A5-3-1	A6-2-4	A7-1-4
A1-3-3	A2-4-3	A3-4-3	——	A5-3-2	A6-2-5	A7-4-1

世园会中国馆

项目地点	北京市延庆区
建筑规模	23000m²
完成时间	2019

设计基于延庆地区光照、降水、通风、温度等气候条件,选择两种在地绿色技术:一是效果显著、节约运营成本的技术,如覆土屋面、地道风等;二是兼具实用功能与展示性的技术,如光伏系统、雨水回收处理系统等。延庆地区是北京市太阳能资源最丰富的地区。中国馆在满足使用者对采光的基本要求下,还满足了室内植物种植对光的需求。展开的弧线平面可提供充足的光照机会。南向屋面坡度较缓,更有利于接受光照。坡屋面的设计有利于雨水沿屋面自然流下,雨水进入排水沟后,排入梯田,部分回收后用于梯田灌溉和水景用水。延庆的冬季较为寒冷,建筑首层展厅埋入土中,也可降低围护结构的传热系数,做到被动式节能。地道风降(升)温系统通过地道(或地下埋管)与土壤进行热能交换,夏季冷却降温,冬季预热释放,进而有效降低建筑的空调使用能耗。

场地研究	总体布局	形态生成	空间节能	功能行为	围护界面	构造材料
A1-1-3	A2-1-1	A3-1-3	A4-2-2	A5-2-2	A6-1-1	A7-1-1
A1-2-2	A2-1-2	A3-2-1	A4-2-3	A5-2-4	A6-1-3	A7-1-4
A1-2-3	A2-2-3	A3-2-2	A4-3-2	A5-3-1	A6-1-4	A7-2-1
A1-3-1	A2-3-1	A3-2-4	A4-4-4	A5-3-4	A6-2-1	A7-2-4
A1-3-4	A2-3-7	A3-2-8	A4-5-5	A5-5-1	A6-2-2	A7-3-1
A1-4-3	A2-3-13	A3-3-1	A4-6-1	A5-6-6	A6-2-3	A7-4-1
A1-4-5	A2-5-2	A3-4-1	A4-6-6	A5-6-9	A6-2-5	…
A1-4-6	A2-6-2	A3-4-2	A4-6-7	A5-7-1	A6-2-9	——
…	A2-7-2	A3-6-1	…	A5-7-2	A6-3-3	——
——	A2-7-3	A3-6-2	——	A5-7-3	A6-3-5	——
	…	…	——	…	A6-3-6	——
——	——	——	——	——	A6-4-6	——
——	——	——	——	——	…	——
——	——	——	——	——	——	——

	场地研究	总体布局	形态生成	空间节能	功能行为	围护界面	构造材料
元上都遗址工作站	A1-1-1	A2-3-3	A3-1-4	A4-4-1	A5-5-1	A6-1-1	A7-1-1
	A1-2-2	A2-5-7	A3-2-5	A4-4-2	A5-5-4	A6-1-4	A7-1-4
	—	—	A3-2-7	A4-5-2	A5-7-1	A6-2-4	A7-3-3
	—	—	A3-3-1	A4-5-6	A5-7-2	A6-3-2	A7-4-1

项目地点	内蒙古自治区锡林郭勒盟
建筑规模	410m²
完成时间	2012

	场地研究	总体布局	形态生成	空间节能	功能行为	围护界面	构造材料
祝家甸砖厂改造	A1-1-4	A2-3-13	A3-2-2	A4-2-2	A5-1-2	A6-1-4	A7-1-3
	A1-1-5	A2-4-2	A3-3-1	A4-3-3	A5-2-1	A6-2-4	A7-2-1
	A1-3-4	A2-5-4	A3-3-2	A4-5-6	A5-3-2	A6-3-2	A7-3-1
	—	—	A3-8-2	—	A5-3-3	A6-3-3	—

项目地点	江苏省昆山市
建筑规模	1650m²
完成时间	2016

附录2
国内各气候区气候特征梳理及对建筑设计的基本要求

项目 元上都遗址工作站   摄影 李兴钢工作室

附录 2
国内各气候区气候特征梳理及对建筑设计的基本要求

1 引言

1.1 建筑设计须回应地域气候

2015年中央城市工作会议提出了我国新时期"经济、适用、绿色、美观"的八字建设方针,"绿色"二字被提到了新的高度。绿色建筑的概念在不断演进,在我国,总的来说是围绕《绿色建筑评价标准》GB/T 50378-2014 当中的主要评分项"节能、节材、节水、节地、环保"展开的,其中,对于"节能"一项而言,建筑设计呼应当地气候显得尤为重要;最近出版的《绿色建筑评价标准》GB/T 50378-2019当中对"绿色"的概念有所拓展,主要评价方面为"安全耐久、健康舒适、生活便利、资源节约、环境宜居、提高与创新",其中,对"环境宜居""资源节约""健康舒适"三项而言,建筑设计呼应当地气候也起到决定性作用。

新旧两版《标准》对"绿色建筑"的定义均为:"在全寿命期内,节约资源、保护环境、减少污染,为人们提供健康、适用、高效的使用空间,最大限度地实现人与自然和谐共生的高质量建筑。"气候作为"自然""环境""资源"的重要组成部分,是建筑设计需重点考虑的一个方面,这一点已成为建筑设计从业者的共识。

1.2 影响建筑设计的气候要素

气象参数主要包括气温、气压、风、湿度、云、降水以及各种天气现象等。但对建筑设计具有主导性影响的气候要素相对具体。刘加平院士(2009)[1]指出,"在研究人体热舒适感及建筑设计时,涉及的主要气候要素有:太阳辐射、空气温度和湿度、风及雨雪等。这些要素是相互联系的,共同影响着建筑的设计和节能。"

[1]刘加平,谭良斌,何泉. 建筑创作中的节能设计[M]. 中国建筑工业出版社,2009.

1.3 我国气候特征

"我国幅员辽阔，地形复杂。各地由于纬度、地势和地理条件不同，气候差异悬殊。根据气象资料表明，我国东部从漠河到三亚，最冷月（一月份）平均气温相差50℃左右，相对湿度从东南到西北逐渐降低，一月份海南岛中部为87%，拉萨仅为29%，七月份上海为83%，吐鲁番为31%。年降水量从东南向西北递减，台湾地区年降水量多达3000mm，而塔里木盆地仅为10mm。北部最大积雪深度可达700mm，而南岭以南则为无雪区。"（朱颖心等，2010）[2]

总体而言，我国气候有三大特征："显著的季风特色、明显的大陆性气候和多样的气候特征。"（夏伟，2008）[3]

[2]朱颖心. 建筑环境学[M]. 中国建筑工业出版社，2010.

[3]夏伟. 基于被动式设计策略的气候分区研究[D]. 清华大学，2009.

2 我国的气候区划及设计要求

2.1 《民用建筑热工设计规范》中的气候区划及设计要求

"不同的气候条件对房屋建筑提出了不同需求。为了满足炎热地区的通风、遮阳、隔热，寒冷地区的采暖、防冻和保温的需求，明确建筑和气候两者的科学关系，我国的《民用建筑热工设计规范》GB 50176-2016从建筑热工设计的角度出发，将全国建筑热工设计分为五个分区，其目的在于使民用建筑（包括住宅、学校、医院、旅馆）的热工设计与地区气候相适应，保证室内基本热环境需求，符合国家节能方针。"（朱颖心等，2010）[2]

表1 建筑热工设计一级区划指标及设计原则

一级区划名称	区划指标		设计原则
	主要指标（单位：℃）	辅助指标（单位：d）	
严寒地区（1）	$t_{min \cdot m} \leq -10$	$145 \leq d_{\leq 5}$	必须充分满足冬季保温要求，一般可以不考虑夏季防热
寒冷地区（2）	$-10 < t_{min \cdot m} \leq 0$	$90 \leq d_{\leq 5} < 145$	应满足冬季保温要求，部分地区兼顾夏季防热
夏热冬冷地区（3）	$0 < t_{min \cdot m} \leq 10$ $25 < t_{max \cdot m} \leq 30$	$0 \leq d_{\leq 5} < 90$ $40 \leq d_{\geq 25} < 110$	必须满足夏季防热要求，适当兼顾冬季保温
夏热冬暖地区（4）	$10 < t_{min \cdot m}$ $25 < t_{max \cdot m} \leq 29$	$100 \leq d_{\geq 25} < 200$	必须充分满足夏季防热要求，一般可不考虑冬季保温
温和地区（5）	$0 < t_{min \cdot m} \leq 13$ $18 < t_{max \cdot m} \leq 25$	$0 \leq d_{\leq 5} < 90$	部分地区应考虑冬季保温，一般可不考虑夏季防热

注：$t_{min \cdot m}$ 表示最冷月平均温度；$t_{max \cdot m}$ 表示最热月平均温度；
$d_{\leq 5}$ 表示日平均温度≤5℃的天数；$d_{\geq 25}$ 表示日平均温度≥25℃的天数。

因此，建筑热工设计分区用累年最冷月（1月）和最热月（7月）平均温度作为分区主要指标，累年日平均温度≤5℃和≥25℃的天数作为辅助指标，将全国划分成 5个区，即严寒、寒冷、夏热冬冷、夏热冬暖和温和地区，并提出相应的设计要求。如表1所示。

2.2 《建筑气候区划标准》/《民用建筑设计通则》中的气候区划

表2 建筑气候区划标准一级区划指标

区名	主要指标	辅助指标	各区辖行政区范围
I	1月平均气温 ≤-10℃ 7月平均气温 ≤25℃ 7月平均相对湿度 ≥50%	年降水量200~800mm 年日平均气温≤5℃日数 ≥145d	黑龙江、吉林全境；辽宁大部；内蒙古中、北部及陕西、山西、河北、北京北部的部分地区
II	1月平均气温 -10~0℃ 7月平均气温 18~28℃	年日平均气温≥25℃的日数<80d 年日平均气温≤5℃的日数145~90d	天津、山东、宁夏全境；北京、河北、山西、陕西大部；辽宁南部；甘肃中东部以及河南、安徽、江苏北部的部分地区
III	1月平均气温 0~10℃ 7月平均气温 25~30℃	年日平均气温≥25℃的日数40~110d 年日平均气温≤5℃的日数90~0d	上海、浙江、江西、湖北、湖南全境；江苏、安徽、四川大部；陕西、河南南部；贵州东部；福建、广东、广西北部和甘肃南部的部分地区
IV	1月平均气温 >10℃ 7月平均气温 25~29℃	年日平均气温≥25℃的日数100~200d	海南、台湾全境；福建南部；广东、广西大部以及云南西部和元江河谷地区
V	7月平均气温 18~25℃ 1月平均气温 0~13℃	年日平均气温≤5℃的日数0~90d	云南大部；贵州、四川西南部；西藏南部一小部分地区
VI	7月平均气温 <C18℃ 1月平均气温 0~-22℃	年日平均气温≤5℃的日数90~285d	青海全境；西藏大部；四川西部；甘肃西南部；新疆南部部分地区
VII	7月平均气温 ≥18℃ 1月平均气温-5~-20℃ 7月平均相对湿度<50%	年降水量10~600mm 年日平均气温≥25℃的日数<120d 年日平均气温≤5℃的日数110~180d	新疆大部；甘肃北部；内蒙古西部

来源：《建筑气候区划标准》GB 50178-93

在我国《建筑气候区划标准》GB 50178-93中提出了建筑气候区划，它适用的范围为一般工业建筑与民用建筑，适用范围更广，涉及的气象参数更多。"一级区划以1月平均气温、7月平均气温、7月平均相对湿度为主要指标，以

图1 中国建筑气候区划图
（来源：中国地图出版社编制）

年降水量、年日平均气温低于或等于5℃的日数和年日平均气温高于或等于25℃的日数为辅助指标。在各一级区内分别选取能反映该区建筑气候差异性的气候参数或特征作为二级区区划指标。"如表2所示。须指出，《建筑物理（第四版）》附表中出现的气候区划图来源于此（图1）。

2.3 《民用建筑设计统一标准》中的气候区划及设计要求

中国现有关于建筑的气候分区主要依据《建筑气候区划标准》GB 50178-93和《民用建筑热工设计规范》GB 50176-2016，两者明确了各气候分区对建筑的基本要求。本条主要是综合二者而成的建筑热工设计分区及设计要求。

由于建筑热工在建筑功能中具有重要的地位，并有形象的地区名，故将其一并对应列出；建筑气候区划反映的是建筑与气候的关系，主要体现在各个气象基本要素的时空分布特点及其对建筑的直接作用，适用范围更广，涉及的气候参数更多。

由于建筑热工设计分区和建筑气候一级区划的主要分区指标一致，因此，两者的区划是相互兼容、基本一致的。建筑热工设计分区中的严寒地区，包含建筑气候区划图中的全部Ⅰ区，以及Ⅵ区中的ⅥA、ⅥB，Ⅶ区中的ⅦA、ⅦB、ⅦC；寒冷地区，包含建筑气候区划图中的全部Ⅱ区，以及Ⅵ区中的ⅥC、Ⅶ区中的ⅦD；夏热冬冷、夏热冬暖、温和地区与建筑气候区划图中的Ⅲ、Ⅳ、Ⅴ区完全一致（图2）。

图2 建筑气候区划与建筑热工设计分区的对应关系图（部分）
（来源：中国地图出版社编制）

《民用建筑设计统一标准》GB 50352-2019中表3.3.1对我国气候区的区划标准及对建筑基本要求。如表3所示。

表3　不同区划对建筑的基本要求

建筑气候区划名称		热工区划名称	建筑气候区划主要指标	建筑基本要求
I	IA IB IC ID	严寒地区	1月平均气温≤-10℃ 7月平均气温≤25℃ 7月平均相对湿度≥50%	1. 建筑物必须充分满足冬季保温、防寒、防冻等要求； 2. IA、IB区应防止冻土、积雪对建筑物的危害； 3. IB、IC、ID区的西部，建筑物应防冰雹、防风沙
II	ⅡA ⅡB	寒冷地区	1月平均气温-10~0℃ 7月平均气温18~28℃	1. 建筑物应满足冬季保温、防寒、防冻等要求，夏季部分地区应兼顾防热； 2. ⅡA区建筑物应防热、防潮、防暴风雨，沿海地带应防盐雾侵蚀
III	ⅢA ⅢB ⅢC	夏热冬冷地区	1月平均气温0~10℃ 7月平均气温25~30℃	1. 建筑物必须满足夏季防热、遮阳、通风降温要求，冬季应兼顾防寒； 2. 建筑物应满足防雨、防潮、防洪、防雷电等要求； 3. ⅢA区应防台风、暴雨袭击及盐雾侵蚀； 4. ⅢB、ⅢC区北部冬季积雪地区建筑物的屋面应有防积雪危害的措施
IV	ⅣA ⅣB	夏热冬暖地区	1月平均气温>10℃ 7月平均气温25~29℃	1. 建筑物必须满足夏季遮阳、通风、防雨要求； 2. 建筑物应防暴雨、防潮、防洪、防雷电； 3. ⅣA区应防台风、暴雨袭击及盐雾侵蚀
V	VA VB	温和地区	1月平均气温0~13℃ 7月平均气温18~25℃	1. 建筑物应满足防雨和通风要求； 2. VA地区建筑物应注意防寒，VB地区应特别注意防雷电
VI	ⅥA ⅥB	严寒地区	1月平均气温0~-22℃ 7月平均气温<18℃	1. 建筑物应充分满足保温、防寒、防冻的要求； 2. ⅥA、ⅥB应防冻土对建筑物地基及地下管道的影响，并应特别注意防风沙； 3. ⅥC区的东部，建筑物应防雷电
	ⅥC	寒冷地区		
VII	ⅦA ⅦB ⅦC	严寒地区	1月平均气温-5~-20℃ 7月平均气温≥18℃ 7月平均相对湿度<50%	1. 建筑物应充分满足保温、防寒、防冻的要求； 2. 除ⅦD区外，应防冻土对建筑物地基及地下管道的危害； 3. ⅦB区建筑物应特别注意积雪的危害； 4. ⅦC区建筑物应特别注意防风沙，夏季兼顾防热； 5. ⅦD区建筑物应注意夏季防热，吐鲁番盆地应特别注意隔热、降温
	ⅦD	寒冷地区		

3　本导则采用的建筑气候区划及设计要求

综合我国各标准、规范对建筑气候区划的定义，本导则主要参考《建筑气候区划标准》GB 50178-93中的建筑气候区划、各气候区的气候特征定性描述和对建筑的基本要求。整理如下：

图3　中国建筑气候区划图-I区
（来源：中国地图出版社编制）

3.1　第I建筑气候区

该区冬季漫长严寒，夏季短促凉爽；西部偏于干燥，东部偏于湿润；气温年较差很大；冰冻期长，冻土深，积雪厚；太阳辐射量大，日照丰富；冬半年多大风（图3）。

该区建筑的基本要求应符合下列规定：

一、建筑物必须充分满足冬季防寒、保温、防冻等要求，夏季可不考虑防热。

二、总体规划、单体设计和构造处理应使建筑物满足冬季日照和防御寒风的要求；建筑物应采取减少外露面积、加强冬季密闭性、合理利用太阳能等节能措施；结构上应考虑气温年较差大及大风的不利影响；屋面构造应考虑积雪及冻融危害；施工应考虑冬季漫长严寒的特点，采取相应的措施。

三、IA区和IB区尚应着重考虑冻土对建筑物地基和地下管道的影响，防止冻土融化塌陷及冻胀的危害。

四、IB、IC和ID区的西部，建筑物尚应注意防冰雹和防风沙。

图4　中国建筑气候区划图-Ⅱ区
（来源：中国地图出版社编制）

3.2　第Ⅱ建筑气候区

该区冬季较长且寒冷干燥，平原地区夏季较炎热湿润，高原地区夏季较凉爽，降水量相对集中；气温年较差较大，日照较丰富；春、秋季短促，气温变化剧烈；春季雨雪稀少，多大风风沙天气；夏秋多冰雹和雷暴（图4）。

该区建筑的基本要求应符合下列规定：

一、建筑物应满足冬季防寒、保温、防冻等要求，夏季部分地区应兼顾防热。

二、总体规划、单体设计和构造处理应满足冬季日照并防御寒风的要求，主要房间宜避西晒；应注意防暴雨；建筑物应采取减少外露面积、加强冬季密闭性且兼顾夏季通风和利用太阳能等节能措施；结构上应考虑气温年较差大、多大风的不利影响；建筑物宜有防冰雹和防雷措施；施工应考虑冬季寒冷期较长和夏季多暴雨的特点。

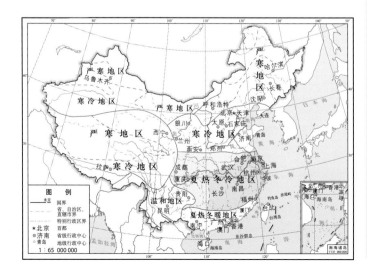

图5　中国建筑气候区划图-Ⅲ区
（来源：中国地图出版社编制）

三、ⅡA区建筑物尚应考虑防热、防潮、防暴雨，沿海地带尚应注意防盐雾侵蚀。

四、ⅡB区建筑物可不考虑夏季防热。

3.3 第Ⅲ建筑气候区

该区大部分地区夏季闷热，冬季湿冷，气温日较差小，年降水量大，日照偏少；春末夏初为长江中下游地区的梅雨期，多阴雨天气，常有大雨和暴雨出现；沿海及长江中下游地区夏秋常受热带风暴和台风袭击，易有暴雨大风天气（图5）。

该区建筑基本要求应符合下列规定：

一、建筑物必须满足夏季防热、通风降温要求，冬季应适当兼顾防寒。

二、总体规划、单体设计和构造处理应有利于良好的自然通风，建筑物应避西晒，并满足防雨、防潮、防洪、防雷击要求；夏季施工应有防高温和防雨的措施。

三、ⅢA区建筑物尚应注意防热带风暴和台风、暴雨袭击及盐雾侵蚀。

四、ⅢB、ⅢC区北部建筑物的屋面尚应预防冬季积雪危害。

图6 中国建筑气候区划图-Ⅳ区
（来源：中国地图出版社编制）

3.4 第Ⅳ建筑气候区

该区长夏无冬，温高湿重，气温年较差和日较差均小；雨量丰沛，多热带风暴和台风袭击，易有大风暴雨天气；太阳高度角大，日照较小，太阳辐射强烈（图6）。

该区建筑基本要求应符合下列规定：

一、该区建筑物必须充分满足夏季防热、通风、防雨要求，冬季可不考虑防寒、保温。

二、总体规划、单体设计和构造处理宜开敞通透，充分利用自然通风；建筑物应避西晒，宜设遮阳；应注意防暴雨、防洪、防潮、防雷击；夏季施工应有防高温和暴雨的措施。

三、ⅣA区建筑物尚应注意防热带风暴和台风、暴雨袭击及盐雾侵蚀。

四、ⅣB区内云南的河谷地区建筑物尚应注意屋面及墙身抗裂。

图7 中国建筑气候区划图-V区
（来源：中国地图出版社编制）

3.5 第V建筑气候区

该区立体气候特征明显，大部分地区冬温夏凉，干湿季分明；常年有雷暴、多雾，气温的年较差偏小，日较差偏大，日照较少，太阳辐射强烈，部分地区冬季气温偏低（图7）。

图8 中国建筑气候区划图-Ⅵ区
（来源：中国地图出版社编制）

该区建筑基本要求应符合下列规定：

一、建筑物应满足湿季防雨和通风要求，可不考虑防热。

二、总体规划、单体设计和构造处理宜使湿季有较好的自然通风，主要房间应有良好朝向；建筑物应注意防潮、防雷击；施工应有防雨的措施。

三、VA区建筑尚应注意防寒。

四、VB区建筑物应特别注意防雷。

3.6 第VI建筑气候区

该区长冬无夏，气候寒冷干燥，南部气温较高，降水较多，比较湿润；气温年较差小而日较差大；气压偏低，空气稀薄，透明度高；日照丰富，太阳辐射强烈；冬季多西南大风；冻土深，积雪较厚，气候垂直变化明显（图8）。

该区建筑基本要求应符合下列规定：

一、建筑物应充分满足防寒、保温、防冻的要求，夏天不需考虑防热。

二、总体规划、单体设计和构造处理应注意防寒风与风沙；建筑物应采取减少外露面积，加强密闭性，充分利用太阳能等节能措施；结构上应注意大风的不利作用，地基及地下管道应考虑冻土的影响；施工应注意冬季严寒的特点。

三、VIA区和VIB区尚应注意冻土对建筑物地基及地下管道的影响，并应特别注意防风沙。

四、VIC区东部建筑物尚应注意防雷击。

图9 中国建筑气候区划图-VII区
（来源：中国地图出版社编制）

3.7 第VII建筑气候区

该区大部分地区冬季漫长严寒，南疆盆地冬季寒冷；大部分地区夏季干热，吐鲁番盆地酷热，山地较凉；气温年较差和日较差均大；大部分地区雨量稀少，气候干燥，风沙大；部分地区冻土较深，山地积雪较厚；日照丰富，太阳辐射强烈（图9）。

该区建筑基本要求应符合下列规定：

一、建筑物必须充分满足防寒、保温、防冻要求，夏季部分地区应兼顾防热。

二、总体规划、单体设计和构造处理应以防寒风与风沙，争取冬季日照为主；建筑物应采取减少外露面积，加强密闭性，充分利用太阳能等节能措施；房屋外围护结构宜厚重；结构上应考虑气温年较差和日较差均大以及大风等的不利作用；施工应注意冬季低温、干燥多风沙以及温差大的特点。

三、除ⅦD区外，尚应注意冻土对建筑物的地基及地下管道的危害。

四、ⅦB区建筑物尚应特别注意预防积雪的危害。

五、ⅦC区建筑物尚应特别注意防风沙，夏季兼顾防热。

六、ⅦD区建筑物尚应注意夏季防热要求，吐鲁番盆地应特别注意隔热、降温。

附录3
绿色建筑设计工具与应用

附录 3
绿色建筑设计工具与应用

1　理念与框架

设计工具与应用是在建筑（或工程项目）从策划、设计、施工、运营直到拆除的全寿命周期内设计和管理工程数据的技术。通过相应的应用软件，创建项目的建筑信息模型，设计者就可在设计的各个阶段，方便地对设计方案进行优化比选，或对方案作出合理调整，从而作出更加有利于建筑可持续性的选择。与传统的二维、三维设计软件相比，在方案设计的初期阶段就能够方便快捷地得到直观、准确的建筑性能反馈信息，是进行建筑可持续性设计的最大优势。

新的设计理念与新的设计技术相结合，于是绿色BIM（Green BIM）应运而生，即以BIM作为工具，结合当地的气候条件，强调从设计之初便通过"设计""评估"的决策循环，进行建筑效能分析，通过BIM可持续设计技术来得到最佳设计方案，满足可持续发展的目的。

绿色设计中建筑信息模型（BIM）的应用，主要体现在绿色设计指标提取、节能计算、算量统计、模拟仿真、绿色设计评估等方面。以BIM模型为载体，提取模型内相关参数与信息，以达到高效、高质地进行绿建指标计算、节能计算、算量、模拟、评估等，辅助绿色设计方法的落地。

绿色设计强调整个建筑生命周期中，在建造和使用流程上对环境的保护和对资源使用效率（包括降低材料消耗、节能、减排等）的提高。BIM可持续设计与绿色设计目标关注点相同，结合BIM技术，进行绿色设计的系统性实施步骤如下：①界定基于BIM的绿色设计范围 → ②目标设定 → ③气象资料获取→ ④BIM性能化模拟 → ⑤方案优化。

BIM模型可以实现与部分绿色分析软件的交互，一个模型可以对接多种分析软件，提高工作质量与工作效率。BIM软件可以提供三种与分析软件交互的文件格式，分别为DXF文件格式、gbXML文件格式以及IFC文件格式，可以实现与Energy plus、PHOENICS、Ecotect Analysis等分析软件的直接对接。但是对于不能与BIM直接对接的分析软件仍需要重新建立模型，目前BIM模型与绿色性能分析软件的交互仅局限于BIM软件能够提供的文件格式，还需要进一步的开发。

另外，绿色建筑设计最基本的要求是使建筑满足相应的绿色建筑评价标准，在设计阶段应满足标准中所有控制项的要求。BIM模型可以为绿色设计提供全面的建筑信息，为直观判断绿色建筑在设计阶段是否满足相关控制项以及相关评价标准提供了可能。

2 能源高效利用与性能模拟

2.1 建筑室内外风环境模拟

2.1.1 场区风环境模拟分析，优化总图布局和建筑形体及自然通风潜力

在建筑方案设计阶段，根据当地气象数据，采用计算流体力学CFD技术，通过不同季节典型风向、风速对建筑室外风场进行模拟分析，评估规划和建筑形体对室外风环境的影响，预测潜在问题。应对场区局部风速过大、出现涡流或者无风区的情况进行重点研究，优化总图布局、建筑形体以及景观方案，尽可能减少室外风速、涡流和无风区，或者将建筑方案中的进排风口避开涡流区和无风区。

2.1.2 场区热岛效应分析，优化场地铺装、绿植等室外景观方案

城市中建筑和道路大量吸热材料的使用，导致热岛效应越来越严重，在建筑设计中应考虑减小热岛效应。通过流体力学CFD模拟技术对建筑场区的热岛强度进行模拟分析，优化室外景观方案设计，减少热岛强度。

2.1.3 建筑室内自然通风分析，优化外窗布局、开口形式及面积

首先结合当地气象数据、建筑功能及建筑方案，分析项目适宜采用自然通风的区域和季节。在完成厂区风环境模拟分析的基础上，采用网络区域通风法或者计算流体力学CFD技术对室内自然通风效果进行模拟计算，优化外窗或玻璃幕墙开窗位置、方式和开口面积等内容，增强室内自然通风效果。

2.1.4 高大空间气流组织分析，优化空调送风方式和气流组织设计

高大空间的通风和空调供暖系统下的气流组织应满足功能要求，避免气流短路或环境参数不达标。设计过程中应对高大空间的气流组织进行详细的模拟分析，优化通风和空调系统的送排风方式、风量等设计内容。

2.1.5 特殊空间室内污染物分析，优化室内外送排风位置、风量等设计

针对一些产生污染物的特殊空间，需注意室内污染物的扩散，应及时将污

染物排出，以免影响室内空气质量。设计过程中应采用计算流体力学CFD技术对室内外污染物浓度模拟分析，优化室内送排风口位置及风量，以及室外排风口的位置，从而提高室内环境品质，保证室内环境质量。

2.2　建筑空调照明能耗模拟

2.2.1　建筑能耗初步分析，充分考虑采用各项被动式技术方案

根据项目特点、气候特征等因素，初步筛选适合项目的被动式技术措施，如天然采光、自然通风和保温隔热等。在建筑方案设计阶段重点关注适宜的被动式技术应用，通过对建筑方案进行初步能耗模拟计算，从而对建筑朝向、建筑保温、建筑体形、建筑遮阳、较佳的窗墙比进行优化。

2.2.2　逐项节能技术措施的节能潜力分析，确定项目节能技术措施

在技术深化阶段，待建筑方案和机电方案确定后，应开展详细的空调和照明能耗模拟分析，并逐项分析各项节能技术措施，如高效冷热源设备、可调新风比、冷却塔供冷、风机水泵变频、高效照明灯具和智能照明控制系统等技术的节能潜力，从而作为设计优化的依据。

2.2.3　可再生能源系统能耗分析，优化确定系统方案

在项目开始前，应对项目地点的可再生能源情况进行详细的调研分析，并结合项目特点、功能需求等因素初步筛选适用的可再生能源类型及用途。在建筑方案设计阶段，根据经验初步估算该用途的能源需求量，并以此初步确定可再生能源系统方案。

技术深化阶段需进行能源平衡分析，对建筑能耗和可再生能源系统的能源提供量进行模拟计算，并在全年范围内将二者进行平衡分析，以此优化确定可再生能源系统方案。

2.3　建筑室内外光环境模拟

2.3.1　建筑日照模拟分析，优化总图布局和建筑方案

在建筑方案设计阶段，应尽早开展建筑日照模拟分析，优化总图布局和建筑方案。不仅确保本项目满足当地政府规划部门的日照要求，还可以结合景观设计为室外人员活动区域等需要日照的区域提供日照的设计建议。

2.3.2　天然采光模拟分析，优化平面布局和天然采光技术方案

对建筑方案进行天然采光模拟计算，分析各区域采光系数分布情况，判断其采光效果，以此作为依据，优化建筑平面布局和采光口面积及其他采光技术方案。

2.3.3 建筑遮阳模拟分析，优化建筑立面遮阳方案

对于有外遮阳需求的项目应进行建筑外遮阳效果模拟计算，同时应进行外遮阳对室内采光效果的影响分析。综合考虑遮阳效果及采光影响，优化确定项目的外遮阳技术方案。

2.3.4 典型区域采光和眩光模拟分析，优化采光产品选择

在技术深化阶段，确定建筑采光技术方案后，需开展不同采光产品下室内天然采光效果以及室内眩光的模拟对比分析，从而优化选择合适的采光产品和对应的技术参数。

2.4 建筑室内外声环境模拟

2.4.1 建筑室外噪声模拟分析，优化总图布局和景观设计方案

在建筑方案设计阶段应充分考虑项目周边的噪声源，如公路、交通设施和工矿企业等，以及场区内噪声源，如冷却塔等。对室外区域进行声压级模拟计算，优化总图布局和景观设计方案，如将噪声敏感的功能房间布置在远离噪声源的区域，以改善场区声环境。

2.4.2 建筑室内噪声模拟分析，优化围护结构及声学材料构造做法

室外噪声源、围护结构隔声性能以及室内噪声源均影响到室内背景噪声。通过室内背景噪声模拟分析，优化建筑平面、空间布局以及围护结构和声学材料构造做法，营造一个良好的声环境。

2.4.3 特殊房间声学模拟分析，优化空间体形和声学材料布置方案及构造做法

对有特殊声学要求的空间间，如电影院、剧院、报告厅等空间，在建筑设计过程中需进行专项声学设计。通过对特殊空间的声学模拟计算，分析声场的混响时间、语音清晰度等内容。在建筑方案阶段对室内空间体形进行优化。在技术深化阶段为建筑声学材料布置方案及构造做法提供指导建议。

3 BIM 技术的管理与应用

3.1 基于 BIM 的绿色设计指标提取

3.1.1 居住建筑人均居住用地指标

居住建筑人均居住用地指标是指每人平均占有居住用地的面积，是控制居住建筑节地的关键性指标。从BIM模型中提取总用地面积和总户数，通过比值计算得出人均居住用地指标。在模型准确性保证的前提下，总户数由模型中户型房间数目提取得出。

3.1.2 公共建筑容积率

公共建筑容积率是指公共建筑总建筑面积与总用地面积的比值，衡量土地的开发强度。公共建筑总建筑面积由BIM模型中面积类型为"总建筑面积"的面积构件按照国家标准进行面积规则的计算得出。总用地面积为BIM模型中红线范围面积。

3.1.3 绿地率

绿地率是指用地范围内各类绿地的总和与用地面积的比值，衡量用地范围绿地水平。用地面积为BIM模型中红线范围面积。居住区各类绿地包括：公共绿地、宅旁绿地；公共绿地又包括居住区公园、小游园、组团绿地及其他带状块状绿地。

3.1.4 住区人均公共绿地

住区人均公共绿地是指用地范围内各类绿地总和与总人数的比值，是反映城市居民生活环境和生活质量的重要指标。总人数提取方式与"居住建筑人均居住用地指标"相同。各类绿地面积总和提取方式与"绿地率"相同。

3.1.5 玻璃幕墙透明部分可开启面积、外窗可开启面积

玻璃幕墙基于幕墙构件，透明且可开启部分以幕墙嵌板的几何信息"面积"为数据基础，针对不同的可开启方式对应不同的计算规则，最终得出可开启面积，外窗可开启面积区别于幕墙的只是对象不同，规则相同。

悬窗和平开窗的开窗角大于70°时，可开启面积应按窗的面积计算，当开窗角度小于或等于70°时，可开启面积应按窗最大开启时的水平投影面积计算。推拉窗的可开启面积应按开启的最大窗口面积计算。

平推窗设置在顶部时，可开启面积按窗的1/2周长与平推距离乘积计算，且不应大于窗面积。平推窗设置在外墙时，可开启面积按窗的1/4周长与平推距离的乘积计算，且不应大于窗面积。

如上所述，从BIM模型中提取的窗的参数信息包括：窗的开启角度，窗的宽度、高度、平推距离等。

3.1.6 居住建筑窗地比

居住建筑窗地比是指主要功能房间窗洞口面积与该房间地面面积的比值，是估算室内天然光水平的常用指标。数据提取路径为基于房间构件，提取房间的净面积和该房间外墙上的窗的洞口面积。

3.2 基于 BIM 的节能计算

3.2.1 门窗类型统计

基于BIM的设计模型，在完整性、规范性、准确性具备的前提下，可通过明细表统计门窗类型。模型需包含统计所需参数信息：类型名称、高度、宽度、构造类型、防火等级、图集做法、功能、区域等。

3.2.2 体形系数计算

体形系数是指建筑单体总表面积与体积的比值。建筑总表面积计算方式为建筑每层外轮廓长度与建筑层高的乘积总和。总体积计算方式为建筑每层面积与层高的乘积总和。

3.2.3 工程构造设置（基于材料库、构造库）

工程构造设置基于BIM模型材料做法库、材质属性、构件之间嵌套关系确定，可直接从模型中提取。

3.2.4 结露计算、隔热计算、节能检查

BIM模型是信息完整、准确的模型，可提供节能检查所需的全部模型和信息。

3.3 基于 BIM 的算量统计

3.3.1 门窗工程

通过BIM明细表中的格式、排序/成组、过滤器等功能，从BIM模型中可以提取门窗工程量和其他门窗构件的附带信息，包括各种型号的门窗数量、尺寸规格、板框材面积、门窗所在墙体的厚度、楼层位置以及其他造价管理和估价所需信息。

3.3.2 房间用料

基于BIM模型中已有的房间参数信息，包括楼地面、顶棚、墙面、踢脚等，定义相应的各做法计量规则，通过明细表功能，在设计过程中及时统计房间的用料。生成房间用料表后，可实时对模型中房间信息进行核查更新、设计优化。通过格式、排序/成组、过滤器等功能对房间进行整理和信息输入，形成最终的设计模型并自动生成相应的图纸，做到模型图纸完全统一。

3.3.3 混凝土结构、钢结构工程量

通过BIM软件中的参数化设计功能可以将模型中的每个构件编号，运用统计表的手段可以将编号归并，从而统计出不同构件的种类和数量，这不仅方便了构件加工，减少工厂的加工时间，同时也能准确地统计出钢结构的工程量。

3.3.4 机械设备、管道及附件

利用BIM模型可直接导出和统计不同机械设备的数量及参数，以及管道、管件及管路附件的直径、长度、材质、系统类型等参数。

通过生成的明细表可为算量提供依据，同时可直观体现在设计优化过程中对机械设备、管道及附件的优化。

综上所述，利用BIM算量模型进行工程算量统计和优化，具有以下特点：①计算能力强，BIM模型提供了建筑物的实际存在信息，能够对复杂项目的设计进行优化，可以快速提取任意几何形体的相应数据；②计算质量好，可实现构件的精确算量，并能统计构件子项的相关数据，有助于准确估算工程造价；③计算效率高，设计者对BIM模型设计深化，造价人员直接算量，可实现设计与算量的同步；④BIM附带几何对象的属性能力强，如通过设置阶段或分区等属性进行施工图设计进度管理，可确定不同阶段或区域的已完工程量，方便工程造价管理和优化。

3.4 基于 BIM 的模拟仿真

3.4.1 风环境仿真模拟分析

风环境模拟利用计算流体力学（CFD）技术实现对建筑室内外气流场分布状况进行模拟预测，考察建筑室外区域的风速、风压分布，以此对其周边区域的室外风环境分布状况进行分析评价，进而为室内自然通风舒适性提供参考依据。目前，CFD仿真模拟软件常用的有Autodesk Simulation CFD、PHOENICS、ANSYS Fluent等。

BIM信息模型建立软件采用Autodesk Revit系列软件，计算软件采用目前较为流行的PHOENICS软件的FLAIR模块，建立基于BIM技术的风环境性能化模拟实施方法：

· BIM信息模型建立：根据项目总平面图建立项目及周边风环境BIM信息模型，并根据模拟需要简化相应模型。

· CFD模拟软件边界条件确定：通过模拟分析软件计算网格的划分和边界条件的设定（来流边界条件与出流边界条件），得出仿真模型在空间和时间上流场的渐进解，从而对建筑室内外风环境等问题进行模拟分析。

· BIM信息数据导入CFD模拟软件：将BIM模型通过插件直接导入到CFD模拟软件（操作过程中发现，传统的做法将BIM模型导出dxf、gbXML等标准交换格式文件，然后再导入CFD软件中使用，会发生模型信息缺失、数据冗余等问题，造成计算报错和计算速度缓慢的情况），BIM模型输出结果至CFD模拟分析软件，其数据传递为闭合的流程，实现数据对接，并可选择地导出BIM模型构件数据，避免冗余信息，实现数据快速计算。

· CFD模拟软件计算区域划分：根据工程实际情况合理选择计算区域和模型简化后划分网格，选取CFD模拟软件计算控制方程。

·计算得出合理准确模拟结果：选择模拟计算方程通过准确设定边界条件和辅助参数信息，观察计算结果的收敛情况，从而得出最接近实际情况的模拟工况结果。

建筑内部自然通风方式、机械通风的气流组织是否合理等问题，也可利用CFD模拟软件进行分析。模拟建筑在外窗全部开启的情况下，其室内通过自然风压形成的室内气体流动，对建筑室内的自然通风状况进行预测，为建筑功能布局、窗口位置提供合理化建议，并为内部通风系统提供节能策略。此外，通过确定风口布置、风口形式以及风量等设计参数设定模型计算参数，对室内机械通风的气流组织情况进行分析，根据气流流向、流速、流量分布等数据，分析通风空调方案的合理性及方案优化比选。

在高大空间或对风速要求较高房间的空调设计方面，CFD仿真模拟显得更为重要。通过对其内部温度场、矢量场、压力场等进行研究，保证人员活动区域温湿度、风速满足设计要求，避免产生直吹感或通风死角等。同时，可通过CFD仿真技术进行通风空调方案的优化比选，在保证方案合理性的同时实现节能设计，并为人员营造一个健康舒适的室内环境。

3.4.2　光环境仿真模拟分析

光学仿真模拟一般涉及建筑物的自然采光、人工照明等仿真模拟分析，从而得出自然采光系数分布图等结果。利用光环境仿真模拟可得出建筑空间内部的采光系数分布图，直观的结果可确定建筑物的开窗形式及窗口尺寸、比例是否合理，并为自然采光提供优化措施，最大限度地利用自然光，减少人工照明的同时保证室内照度分布的均匀性，从而营造良好的室内光环境。配合灯具性能的参数设定，优化人工照明设计方案，合理布置灯具，减少眩光等有害光照。目前常用的模拟软件有Autodesk Ecotect Analysis、Dialux、Radiance等。

BIM信息模型建立软件采用Autodesk Revit系列软件，计算软件采用目前较为流行的Autodesk Ecotect Analysis，建立基于BIM技术的室内自然采光环境性能化模拟实施方法：

·BIM信息模型建立：根据项目平面图建立项目及周边日照采光环境BIM信息模型，并根据模拟需要简化相应模型。

·BIM信息数据导入光环境模拟软件：将BIM模型导出dxf、gbXML等标准交换格式文件（Revit 与Ecotect analysis的数据交换主要有两种，一种是gbXML格式文件，可以用来分析建筑的热环境、光环境、声环境、资源消耗量与环境影响、太阳辐射分析，也可以分析阴影遮挡、可视度。另一种是dxf格式文件，适用于光环境分析、阴影遮挡分析、可视度分析等），同gbXML文件格式相比，dxf文件格式分析出的结果效果更好，但对于复杂的模型，dxf文件导入Ecotect Analysis软件中的速度较慢，需合理简化模型，根据对模拟结果的不同要求，合理划分网格，节省计算资源。

·计算得出合理准确模拟结果：设置模拟条件，根据模拟结果调整、完善设计方案。

3.4.3 热能仿真模拟分析

热能仿真模拟分析主要包括日照分析，室内热环境分析，热岛强度分析等。日照分析主要研究建筑群组之间相互遮挡和影响的关系。通过仿真模拟，得出建筑群中各建筑单体全年时间内任意时间的全天日照总时数，生成日照时间分布图，用于确定建筑物布局、确定建筑物之间合理间距，在不产生不合理遮挡的前提下最大限度地节省土地。室内热环境分析主要研究太阳辐射、围护结构传热传湿、人为释热等因素对室内热环境的影响。通过仿真模拟，得出室内温度场、矢量场等结果，用于确定建筑遮阳方式、建筑保温材料与保温形式、验证室内通风空调方案的合理性等常用软件有Autodesk Ecotect Analysis、清华日照分析软件、ANSYS Fluent等。

BIM信息模型建立软件采用Autodesk Revit系列软件，计算软件采用目前较为流行的PHOENICS软件的FLAIR模块，建立基于BIM技术的热能环境性能化模拟实施方法：

·BIM信息模型建立：根据项目总平面图建立项目及周边环境BIM信息模型，并根据模拟需要简化相应模型。

·CFD模拟软件边界条件确定：通过模拟分析软件计算网格的划分和边界条件的设定，对建筑热能环境等问题进行模拟分析。

·BIM信息数据导入CFD模拟软件：将BIM模型通过插件直接导入到CFD模拟软件，BIM模型输出结果至CFD模拟分析软件，其数据传递为闭合的流程，实现数据对接，并可选择导出BIM模型构件数据，避免冗余信息，实现数据快速计算。

·计算得出合理准确模拟结果：选择模拟计算方程通过准确设定边界条件和辅助参数信息，观察计算结果模拟情况，从而得为方案优化提出解决方案。

3.4.4 声环境仿真模拟分析

室外声环境（噪声）仿真模拟分析，通过在建筑群组受周边交通道路、人群嘈杂等影响下，模拟建筑表面及内部的噪声分布，通过噪声等声线图、声强线图等模拟结果可为建筑物布局、道路规划的合理性、隔声屏障设置等提供科学的技术分析依据，得出建筑周边噪声分布情况、优化围护结构隔声设计等。室外声环境（噪声）仿真模拟分析主要模拟软件包括Cadna/A、SoundPLAN等。室内声环境仿真模拟分析主要模拟软件有Raynoise、Virtual Lab等。

BIM信息模型建立软件采用Autodesk Revit系列软件，计算软件采用目前较为流行的Cadna/A，建立基于BIM技术的声环境性能化模拟实施方法：

· BIM信息模型建立：根据项目总平面图建立项目及周边环境BIM信息模型，并根据模拟需要简化相应模型。

· BIM信息数据导入声环境模拟软件：将BIM模型导出dxf、gbXML等标准交换格式文件，合理简化模型（导出过程中摒弃无用的信息，保留声环境软件需要的建筑外轮廓），根据不同阶段对模拟结果的不同要求，合理划分网格，节省计算资源。

· 计算得出合理准确模拟结果：设置模拟条件，根据模拟结果调整、完善设计方案。

3.4.5　能耗仿真模拟分析

基于BIM技术仿真模拟分析建筑能耗（特指建筑的运行能耗，就是人们日常用能，如采暖、空调、照明、炊事、洗衣等的能耗），通过能耗仿真模拟，对建筑物在全生命周期内运行过程中的能耗进行统计，得出空调、采暖、照明、设备、输配系统等的能耗量、节能量。能耗仿真软件主要有Energy Plus、Design Builder等。

BIM信息模型建立软件采用Autodesk Revit系列软件，计算软件采用目前较为流行的e-Quest，建立基于BIM技术的能耗性能化模拟实施方法：

· BIM信息模型建立：根据项目总平面图建立项目及周边环境BIM信息模型，并根据模拟需要简化相应模型。

· BIM信息数据导入能耗模拟软件：将BIM模型导出dxf、gbXML等标准交换格式文件，合理简化模型，根据不同阶段对模拟结果的不同要求，合理划分网格，节省计算资源。

· 计算得出合理准确模拟结果：设置模拟条件（气象参数、围护结构参数、设备参数等，便于精确计算建筑能耗以及系统负荷），根据模拟结果调整、完善设计方案。

3.5　基于 BIM 的设计深化、管线综合和施工模拟

3.5.1　基于BIM的设计深化

BIM技术可以应用在施工图设计深化、精装修设计深化、钢结构设计深化、支吊架设计深化等方面。

通过利用BIM模型进行设计深化，各专业设计深化人员在创建三维模型的过程便可直观地发现模型空间或节点构造的复杂部位存在的问题，必要时应用软件对模型进行碰撞检查，对模型进行修改，并解决设计中存在的不合理以及被忽视的问题，并通过软件自动生成施工详图，大大减少了绘图的工作量。

基于BIM技术的设计深化不仅可得到深化模型，还包括BIM模型导出的设

计深化图和构件加工图，以及各种零配件的清单报表等。设计深化模型直观展示工程整体、局部等的施工信息，便于施工人员查看。由设计深化模型转化成的加工图，供施工单位直接制作，供安装单位使用。设计深化BIM软件根据已建立好的设计深化模型导出零构件详细清单、材料清单、工程量清单等。

3.5.2 基于BIM的管线综合

采用BIM全过程设计，必须在设计建模初期就将管道、风管、桥架等构件的标高信息录入模型，因此必须将管线综合步骤前置，在设计初期将主要路由、重点部位的管线排布原则确定，避免在设计后期做出大量调整，且避免将一些管线布置的问题带到施工过程。

BIM技术为我们提供了强大的管线综合布置便利，运用三维手段建立建筑及管线设备模型，利用计算机在模拟真实空间内对各系统进行预装配模拟，能够直观地调整、细化、优化、合理管线走向及设备排布，从而达到模拟可视化、设计优化和缩短工期、提高项目质量的目的。

通过BIM管线综合设计文件中的平面图、剖面图、轴测图，清晰、真实地表达管线的走向、位置和标高等信息，完整表示出重点区域或者设备间管线的分布、分层情况，方便施工。

3.5.3 基于BIM的施工模拟

将BIM技术与虚拟施工技术相结合，可以优化项目设计、施工过程控制和管理，提前发现设计和施工的问题，通过模拟找到解决方法，进而确定最佳设计和施工方案，用于指导真实的施工，最终大大降低返工成本和管理成本。基于BIM模型的3D施工模拟，可提高施工过程的可视化、集成化；加入时间维度的4D施工模拟，可提升进度控制质量；加入成本因素的5D施工模拟，可对项目工程量精确计算，整体把控成本控制；加入安全要素的6D施工模型，可对安全环境进行模拟，改善施工环境。

3.6 基于 BIM 的绿色设计评估

3.6.1 基于BIM技术的绿色设计评估体系框架

为了客观全面规范绿色建筑的设计、施工和运维管理，世界各国相继推出了适合本国国情的绿色建筑评价标准体系，通过绿色建筑的数字化、智能化评估，不仅能大幅提高绿色建筑的评估、评审工作效率和有效性，更有利于绿色建筑评估的标准化、数字量化和制度化建立，更为绿色建筑的广泛推广提供有效的技术可实施性，具有广泛的社会价值。

建立基于BIM技术的绿色建筑评估，关键在于BIM信息模型数据结构与绿色评估建立数据链接关系，根据绿色评估要求与BIM信息关联性，BIM链接数据主要分为两类：

（1）BIM设计模型"非几何信息"：在BIM模型搭建完成后，通过非几何信息统计功能判定是否达到绿色建筑评价相应条文的要求；例如：绿色评估要求统计建筑耗用混凝土，钢结构，可再生、可再利用材料，可再循环材料各自占总量比值。这些材料属性信息在BIM信息模型中是以属性参数（族参数、共享参数）定义录入的，方便建筑生命周期后期的采购发包与预估算统计使用，同时也成为绿色建筑评价的量化标准。

（2）BIM设计模型"几何信息"：借助第三方模拟分析软件，进行专项计算分析，根据模拟分析的结果判定是否满足绿色建筑相关条文的要求。

绿色设计评估规定的量化指标中，有些条文判定不能从BIM技术体系下的信息直接得到，而是要经过计算再加工。这个再加工的过程通常分为两种情况：

（1）将BIM模型中的数据信息做数学运算，如人均居住用地指标，需要在BIM模型中测量得到面积数据和计划人口数量。

（2）将BIM信息模型整体或部分导入其他分析工具中进行多量的复杂模拟计算，如计算室外日平均热岛强度等。

BIM 框架下的绿色建筑评价具有良好的应用价值：可简化绿色建筑设计、自我评估流程，有效提高工作效率。但是，并非所有的绿色设计数据及评估指标都可以借由BIM 模型获取，随着我国绿色建筑研究的不断发展，未来国家对于绿色指标的限定也将进一步细化（数字量化），BIM软件及各类绿色设计技术软件的进一步完善，使得基于BIM技术的绿色建筑设计会获得更加广泛而深入的推广与普及。

基于 BIM 技术的绿色设计评估体系框架

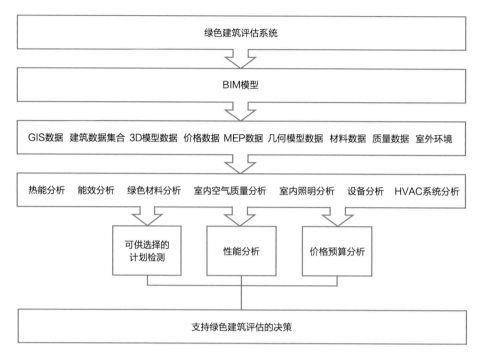

BIM 技术与绿色建筑评估系统关系图

表1 绿色导则工具应用表

工具应用	应用工具	分析内容				
		策划规划	方案设计	技术深化	施工配合	运行调适
场地气候和绿建策略分析	Weather Tool Climate Consultant …	通过项目所在地的典型年逐时气象数据进行分析，得出关键被动式设计策略，并将其应用在后续的方案设计中				
建筑室内外风环境模拟	Fluent Airpark Phoenics Star-CCM+ …		场区风环境模拟分析，优化总图布局和建筑形体及自然通风潜力	建筑室内自然通风分析，优化外窗布局、开口形式及面积		
			场区热岛效应分析，优化场地铺装、绿植等室外景观方案	高大空间气流组织分析，优化空调送风方式和气流组织设计		
				特殊空间室内污染物分析，优化室内外送排风位置、风量等设计		
建筑能耗模拟分析	Ecotect Equest Designbuilder Dest …		建筑能耗初步分析，充分考虑采用各项被动式技术方案	逐项节能技术措施的节能潜力分析，确定项目节能技术措施		
				可再生能源系统能耗分析，优化确定系统方案		
建筑室内外光环境模拟	Ecotect Ladybug Radiance Daysim …		建筑日照模拟分析，优化总图布局和建筑方案	典型区域采光和眩光模拟分析，优化采光产品选择		
			天然采光模拟分析，优化平面布局和天然采光技术方案			
			建筑遮阳模拟分析，优化建筑立面遮阳方案			
建筑室内外声环境模拟	Cadna/A Raynoise …		建筑室外噪声模拟分析，优化总图布局和景观设计方案	建筑室内噪声模拟分析，优化围护结构及声学材料构造做法		
				特殊房间声学模拟分析，优化空间体形和声学材料布置方案及构造做法		
信息化模拟建造	Revit Navisworks Catia …		即时面积工程量统计 虚拟仿真漫游	工程量清单统计 全专业系统整合 管线部品碰撞优化 可视化展示	施工进度计划模拟 即时三维信息查阅 设备材料整理 竣工模型构建	运维管理系统搭建空间设施资产管理能源管理 运维管理系统维护
性能评估	Fluent Airpark Ecotect Radiance Cadna/A …					基于能耗模拟验证，进行建筑调适，优化机电系统运行，确保系统高效运行
						结合室内风光声热环境模拟结果，验证实际效果是否达到设计要求并提供优化改进措施

附录4

五化平衡及

绿色效果自评估准则

附录 4
五化平衡及
绿色效果自评估准则

"五化平衡及绿色效果自评估准则"建立在设计对本土化、人性化、低碳化、长寿化、智慧化五项基本原则的贯彻内容全面性的自我评估上；并对设计基于项目所处地域环境、功能类型、使用方式的不同，提出的有针对性的绿色创新策略与手段进行评估论证。其中，

"本土化"作为设计展开的基础，评估意义在于倡导设计以地域气候的研究为起点，营造符合本底环境特点的空间环境，并关注本土地域文化与建造方式。

"人性化"作为设计总体的态度，鼓励设计最大化地提供使用者享受自然的机会，并关注人性化空间设施的布置，提供给使用者高质量高舒适度的环境品质。

"低碳化"是设计建设的最终目标。实现这一目标需从基本的空间物理性能着手，全面考量建筑外围护性能与节能、节水、节材等各项控制技术措施。

"长寿化"是绿色建筑重要的发展方式，集中体现在空间使用上的适应性、构件耐久性以及部品可变性等强化建筑可调性的各方面。

"智慧化"是管理的有效手段，它依靠于前期设计的三维模拟数据分析与后期运营管理应用平台的搭建。

"绿色创新"方面倡导设计者关注绿色建筑设计的总体策略，在方法手段上进行有针对性的探索创新。范畴内包含绿色策略创新、绿色技术应用、碳排放统计创新、BIM设计绿色应用以及使用模式上的创新等内容。"绿色创新"项的提出与评估在于引导设计者将关注重心从传统后期技术打分转向前期绿色价值观的确定与设计过程中方法的正确性。

整个评估体系强化建筑设计策略的主导作用与权重，尤其对利用环境、空间、资源等优势形成的被动式创新手段给予鼓励，希望创造出具有先天绿色基因、适应地域环境的优秀绿色作品。同时，对于可以量化的内容，评估中强化结果导向，以数据预估为验证依据，保障绿色效果的实现；对于各专业重要且必要的措施策略也提出了评估要求，一些特殊性的针对性的措施可结合创新项进行评估。希望设计师在整个设计过程中能借助此表不断自我评估，审视绿色化效果的优劣，并实时调整优化。参考分数的权重作为自我评估的参照依据，并非绝对化的，可以针对不同类型、不同条件进行适时调整。

绿色效果评估各项占比图

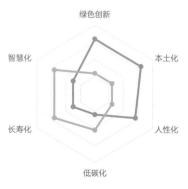

绿色效果评估雷达图

本土化					25
类别	评估项	相关条目	评估内容	评估细则	得分
地域气候	反映地域气候	A2-3 A3-2 L1-1	建筑布局反映地域气候条件的情况 建筑及景观形态反映地域气候特点的情况	**优** 建筑布局能反映所在气候区的气候特征，对当地风、光、热等充分考虑，并以此来生成建筑形态和使用空间	10
				中 建筑布局与形态能反映气候特征，但结合不够自然有机，较生硬	
				差 没有或很少考虑地域气候的特征	
本地环境	顺应生态本底	A1-1 A1-2 A1-3 A2-2 L1-2 L4-2	是否对城市上位规划有所呼应 场地设计对生态本底的影响情况 场地设计对海绵城市的贡献情况 建筑景观布局对城市生态廊道的利用情况	**优** 对场地及周边的原有生态性进行有效地利用和回应，顺应城市生态廊道并塑造多元内容、构建区域海绵系统	10
				中 对场地及周边的原有生态性有所回应，系统性与整体性不强，细节方案不充分	
				差 没有或很少考虑此部分内容，或方法不当	
	融合地势环境	A2-1 A2-7 A3-1	建筑布局对现有地形地貌的利用情况 标高选用、竖向利用、土方平衡的情况 建筑形态与周边城市、自然环境的融合程度	**优** 建筑布局充分考虑地形地貌条件，建筑形态或群体关系与周边环境有机共生协调，场地标高、竖向等得到较好处理	
				中 建筑布局对地形地貌条件有所考虑，但设计方法不当，生硬不太协调	
				差 没有或很少考虑此部分内容，建筑与环境关系较差	
	优化交通系统	A2-5	对场地人、车和周边交通的组织情况	**优** 建筑充分考虑与周边的交通接驳、人车分流、利用高差的多首层等立体化交通方式提高效率；考虑多样有效的停车方式和场地设施	
				中 考虑了场地与周边的交通关系，但组织的不好、方法不佳	
				差 此部分内容组织很差，或选择了错误的交通策略带来较大浪费	
	利用地下空间	A2-6	地下空间的自然性、功能性利用情况	**优** 选择得当的地下空间开发策略，与建筑主体的关系、功能性质、环境影响等处理较好，并通过天井、天窗等有效措施提升地下空间品质	
				中 考虑了地下空间的利用，但策略和优化手段不够充分	
				差 没有或很少考虑此部分内容，或方法不当	
本土文化	挖掘本地文化	A1-4 A3-3 A7-2	对本地既有资源的利用与再生 对当地传统风貌、历史遗存的挖掘利用程度 对本地建造工艺、材料等的挖掘利用程度	**优** 从地域文化中寻找线索和基因，研究传统建造技艺与技术创新加以应用；有效利用当地的建筑与设施的遗存	5
				中 考虑了本地文化的利用，但策略和手段不佳	
				差 没有或很少考虑此部分内容，或方法不当	

人性化 | 15

类别	评估项	相关条目	评估内容	评估细则		得分
共享自然	引导健康行为 植入自然空间 优化视觉体验	A5-2 A5-3 A5-5 L2	引导使用者室外健康生活，室外、半室外功能空间设置情况 空间设计的自然植入程度是否通过有效手段优化视觉体验	优	创造积极开放的室外半室外自然空间，将传统的室内功能行为拓展到室外，提供使用者绿色自然的视觉体验	6
				中	考虑了设置室外空间与绿色体验，但品质可达性不佳	
				差	没有或很少考虑此部分内容，或方法不当	
空间尊重	布置人性设施	A5-7	人性化服务设施设置情况	满足相关章节其中4条		1.5
环境质量	提升室内环境	A5-6 E3 W5	室内物理环境指标达标情况	应对建筑内人员长期或集中停留区域进行室内物理环境专项模拟计算，计算范围应至少包括室内空气品质（CO_2浓度、PM2.5浓度、PM10浓度）、自然通风、天然采光、声环境，计算过程应符合《民用建筑绿色性能计算标准》JGJ/T 449相关规定，计算结果应符合附表1的规定	6
			室内装修污染控制指标达标情况	应对全部装修区域进行室内装修污染物预计算，计算范围应至少包括甲醛、TVOC、苯，可参考《住宅建筑室内装修污染控制技术标准》JGJ/T 436的相关规定，或使用indoorpact、airpak等室内装修污染模拟计算工具，计算结果应比《室内空气质量标准》GB/T 18883相关规定限值低10%	
	提升室外环境	A2-3 L2 L4	场地微气候指标达标情况	应对场地进行场地微气候专项模拟计算，计算范围应至少包括热岛强度、场地风环境，计算过程应符合《民用建筑绿色性能计算标准》JGJ/T 449相关规定，计算结果应符合附表2的规定	1.5

低碳化 | 40

类别	评估项	相关条目	评估内容	评估细则		得分
空间节能	区分用能标准	A4-1 A4-2 A5-1 H1	根据对不同空间性质的定义采用不同舒适度标准的情况	优	根据房间功能、类型、热舒适、人的停留时间等定义空间用能要求，从而降低次要房间的用能负荷，同时对相似空间进行有效组合	8
				中	考虑了用能空间的划分，但划分方式和准确性不足	
				差	没有或很少考虑此部分内容，或方法不当	
	压缩用能空间	A4-3	有效减少封闭的公共空间，创造缓冲过渡空间等的情况	此部分减少的空间按面积折算减少了多少实际能耗		
	控制空间形体	A3-4 A4-4	顺应功能空间，建筑形态基于内部需求，由内而外自然而生 控制建筑空间形体，从而降低用能设备使用规模及时间的情况	优	能根据使用功能与心理需求合理设定建筑形体、尺度以及体型系数，避免过大无用且高能耗的空间浪费	
				中	考虑了空间形体的控制，但效果和准确性不足	
				差	没有或很少考虑此部分内容，或方法不当	

空间节能	加强天然采光	A4-5	加强天然采光，从而降低电力照明（使用规模和时间）的情况	优	能充分利用自然光源实现引光、导光、扩大受光面，提高主要房间采光系数比，无眩光影响	
				中	采取了部分措施，但效果和准确性不足	
				差	没有或很少考虑此部分内容，或方法不当	
节能措施	优化围护墙体	A6-1	优化墙体围护结构性能	优	建筑墙体、屋面围护结构在满足热工性能的基础上有所提升，门窗幕墙满足四性试验，根据所处地区光照条件有针对性地设置遮阳措施	3
	设计屋面构造	A6-2	优化屋面围护结构性能			
	优化门窗系统	A6-3	优化门窗围护密闭性能	中	墙体、屋面结构满足热工要求，内外遮阳符合绿色建筑标准要求	
	选取遮阳方式	A6-4	根据所处地区太阳高度角选取恰当的遮阳的措施	差	墙体、屋面结构不满足热工要求，门窗密闭性较差，有遮阳需求的房间未设置遮阳措施	
	提升设施能效	E2/H2	用能设备系统与设施的效率情况		系统运行合理，采用高效节能设备	3
		E1/H5 W5-3/I4	设备用房合理布置，集约化利用、方便运维管理、预留可发展空间		满足设备用房选址规模合理，内部布置经济紧凑，方便运维管理、预留可发展空间	
	能源再生替代	E4/H3 W4	对新型可再生能源进行整体或局部应用的情况		应进行可再生能源应用比例计算，计算结果应符合附表3的要求	4
预期能耗	预期能耗计算	H/E	建筑预期能耗运行能耗情况		应进行建筑预期运行能耗节能率模拟计算，计算过程应符合《民用建筑绿色性能计算标准》JGJ/T 449相关规定，计算结果应符合附表4的规定	8
节水措施	提升建筑节水	W2 W3	选用节水器具，提高系统节水性能，设置中水回收处理系统等情况	优	供水系统设置合理，选用一级水效的卫生洁具，因地制宜设置回用水系统	6
				中	供水系统设置基本合理，选用二级或三级水效的卫生洁具，因地制宜设置回用水系统	
				差	供水系统分区不合理，缺乏压力控制措施，或未选用节水型卫生洁具	
	提升区域节水	W1 W4	场地雨水收集，非传统水源、节水灌溉系统等技术应用情况	优	设置场地雨水控制及利用，综合统筹雨水和其他非传统水源，绿化采用微喷灌且设置湿度感应控制器等	
				中	设置场地雨水控制及利用，绿化采用微喷灌	
				差	未考虑场地雨水控制及利用或绿化未采用微喷灌	
节材措施	控制用材总量	A3-6 A7-1 S1/2/4	对既有建筑、环境的利用、装饰与构件控制情况合理的工程选址，结构选型与结构材料选择	优	选址合理，充分利用场地既有建筑与设施，规模适度避免浪费，合理结构选型，减少无用的装饰构件，并对细节与构造进行精准控制	8
				中	采取了部分措施，但效果和准确性不足	
				差	没有或很少考虑此部分内容，或方法不当	
	顺应结构功能	A3-5	结构、功能体量与建筑一体化的整合情况	优	建筑、结构、功能一体化设计，形态与结构合理性协同考量	
				中	建筑、结构、功能没有完整统一、装饰较多	
				差	没有或很少考虑此部分内容，或方法不当	

节材措施	循环再生利用	A7-2 A7-3 L3	本地材料、绿色建材及循环再生材料的利用情况	优	对场地中或场地周边就地取材，对可再生和速生材料、可循环材料、利废垃圾进行创新应用等，最大化选用绿色建材
				中	采取了部分措施，但效果和准确性不足
				差	没有或很少考虑此部分内容，或方法不当
	室内外一体化	A7-4	室内外一体化设计的集成情况	优	建筑、室内、景观一体化考量，风格统一、材料连续；减少二次机电的衔接损耗；较好地创造室内外一体化的建构方式
				中	考虑了室内外一体化，但不够统一系统，叠加的装饰性过多
				差	没有或很少考虑此部分内容，或方法不当

长寿化   15

类别	评估项	相关条目	评估内容		评估细则	得分
空间可变	建立生长模式	A2-4	建筑布局是否考虑未来拓展	优	建筑布局采用组团式可生长布局,功能空间的延展串联未来业态的发展	6
				中	采取了布局的拓展模式，但效果和可行性不足	
				差	没有或很少考虑此部分内容，或方法不当	
	设置弹性空间	A5-4	空间的可变性设计情况	优	空间设计通用开放、灵活可变，适应未来建筑使用功能的改变	
				中	采取了部分措施，但效果和准确性不足	
				差	没有或很少考虑此部分内容，或方法不当	
耐久设计	延长设计寿命	S3	结构耐久年限		提升结构耐久年限	6
部品适变	鼓励集成建造	A3-7 A3-8	装配化方式集成建造应用、设备管线与建筑结构分离情况	优	采用装配式集成建造的方式提高建造效率和未来的可替换性，部品易更换，便于调节	3
				中	采取了部分措施，但效果和准确性不足	
				差	没有或很少考虑此部分内容，或方法不当	

智慧化					5
类别	评估项	相关条目	评估内容	评估细则	得分
智能设计	性能模拟与优化设计	附录3	设计全过程中对绿色性能的模拟分析与优化设计	优 通过对风、光、声、热等绿色性能全过程模拟分析，进行跟踪的信息反馈与设计优化	2.5
				中 对以上两项内容进行应用	
				差 未应用以上任一单项内容	
智慧应用	机电设备监控	I1-1 E2	暖通空调、给水排水、供电照明等设备的监控，室内空气质量及照明质量监测情况	优 系统配置完全满足建筑功能的使用，并具备一定可扩展性，为后期运维提供集成管理平台	2.5
	建筑能耗管理	I1-2	建筑能耗的计量、分析、调控	中 系统配置基本满足建筑功能的使用，为后期运维提供集成管理平台	
	智能设施配置	I1-3	建筑智能化设施配置与建筑功能的适宜性	差 系统配置不满足建筑功能的使用，未搭建后期运维集成管理平台	
	物业运维管理平台	I2	物业智能运维集成管理平台的搭建		

绿色创新				20
评估项	评估内容	评估细则		得分
绿色策略创新	项目总体策略、不同环境条件下的适用情况、绿色创新模式等	优	具有较突出的绿色创新策略；利用统一的设计方法在各方面平衡上效果突出，绿色成效一气呵成。对在此环境中具有特别有效的策略可在此部分进行放大给分	10
		中	有一定创新性，但整体性不够，特色不突出	
		差	没有或很少考虑此部分内容，或方法不当	
绿色技术应用	各专业特殊绿色新技术创新	优	在新技术应用上有创新突破，技术先进高效、并能应用得当	5
		中	有一定创新性，但整体性不够，特色不突出	
		差	没有或很少考虑此部分内容，或方法不当	
碳排放计算统计	全周期碳排放的计算结果与减排	采用即可		1
全专业BIM应用	全专业采用BIM正向设计，并对绿色统计与应用产生效能	采用即可		2
使用模式创新	针对建筑管理者和使用者的使用说明控制运维使用	采用即可		2

附表1：室内物理环境指标要求

指标		限值	满分
空气品质	PM10浓度	≤50ug/m³（年均）	4
	PM2.5浓度	≤25ug/m³（年均）	
	CO_2浓度	≤800ppm	
自然通风	公共建筑	过渡季典型工况下主要功能房间平均自然通风换气次数不小于2次/h的面积比例达到70%	
	住宅建筑	通风开口面积与房间地板面积的比例在夏热冬暖地区达到12%，在夏热冬冷地区达到8%，在其他地区达到5%	
天然采光	公共建筑	室内主要功能空间至少70%面积比例区域的采光照度值不低于采光要求的小时数平均4h/d	
	住宅建筑	室内主要功能空间至少70%面积比例区域，其采光照度值不低于300lx的小时数平均8h/d	
声环境	噪声级	达到《民用建筑隔声设计规范》GB 50118相应低限值和高限值的平均值	
	构件及相邻房间之间的空气声隔声性能	达到《民用建筑隔声设计规范》GB 50118相应低限值和高限值的平均值	
	楼板的撞击声隔声性能	达到《民用建筑隔声设计规范》GB 50118相应低限值和高限值的平均值	

附表2：场地微气候性能要求

指标		要求	满分
场地热岛强度		场地中处于建筑阴影区外的步道、游憩场、庭院、广场等室外活动场地设有乔木、花架等遮阴措施的面积比例，住宅建筑达到40%，公共建筑达到15%	1.5
		场地中处于建筑阴影区外的机动车道、路面太阳反射系数不小于0.4或设有遮阴面积较大的行道树的路段长度超过70%	
		屋顶的绿化面积、太阳能板水平投影面积以及太阳辐射反射系数不小于0.4的屋面面积合计达到75%	
场地风环境	冬季典型风速和风向条件下	建筑物周围人行区域距地高1.5m处风速≤5m/s，户外休息区、儿童娱乐区风速≤2m/s，且室外风速放大系数≤2	
		除迎风第一排建筑外，建筑迎风面与背风面表面风压差≤5Pa	
	过渡季、夏季典型风速和风向条件下	场地内人活动区不出现旋涡或处于无风区	
		50%以上可开启外窗室内外表面的风压差>0.5Pa	

附表3：建筑可再生能源应用比例要求

指标	限值	得分	满分
由可再生能源提供的生活用热水比例Rhw	35%≤Rhw<65%	2	4
	65%≤Rhw<80%	3	
	Rhw≥80%	4	
由可再生能源提供的空调用冷量和热量比例Rch	35%≤Rch<65%	2	
	65%≤Rch<80%	3	
	Rch≥80%	4	

续表

指标	限值	得分	满分
由可再生能源提供电量比例 Re	1.0%≤Re<3.0%	2	
	3.0%≤Re<4.0%	3	
	Re≥4.0%	4	

注：本项内容采用以上任意方式即可计分。

附表4：建筑预期运行能耗节能率要求

指标	限值	得分	满分
建筑预期运行能耗节能率	≥10%	4	8
	≥20%	6	
	≥30%	7	

注：建筑预期运行能耗节能率=（Rc-Rs）/Rc*100%
　　Rc为参照建筑的预期运行能耗
　　Rs为设计建筑的预期运行能耗
　　其中，参照建筑为满足国家现行建筑节能设计标准规定的建筑；预期运行能耗应至少包括建筑供暖空调能耗和照明系统能耗。

附录5

绿色建筑设计导则全专业条目检索

项目 天津大学新校区体育中心　　摄影 张广源

附录 5
绿色建筑设计导则全专业条目检索

A
建筑专业

A1
场地研究

A1-1
协调上位规划

策划规划

A1-1-1 基于区域综合发展条件，对上位规划中的项目规模与功能定位进行复核

A1-1-2 研究所在城市地下空间总体规划，在合理条件下进行最大限度的开发利用

A1-1-3 研究项目周边城市开放空间规划系统以及与场地的呼应态势

A1-1-4 协调上位交通规划成果，确保公共交通设施的集约化建设与共享

A1-1-5 综合分析市政基础设施规划，充分利用市政基础设施资源

A1-2
研究生态本底

策划规划

A1-2-1 对场地现状及周边实体现状进行调研，包含地上附着物、地形地貌、地表水文等要素

A1-2-2 对场地现状及周边气候环境进行调研，包含气候条件、空气质量、污染源等要素

A1-2-3 对场地生态现状及周边生物多样性、生态斑块及廊道进行调研

A1-2-4 对场地现状及周边古建筑、古树进行历史遗产保护专项调研

A1-2-5 对场地周边光环境敏感区进行调研分析，综合评定建设强度与高度

A1-3
构建区域海绵

方案设计

A1-3-1 通过对场地环境要素的组织，搭建水循环与海绵生态框架

A1-3-2 场地开发应遵循LID的原则，灰绿结合，进行保护性高效开发

A1-3-3 应对雨水的年径流总量、峰值及雨水污染物进行有效控制，不对外部雨水管道造成压力

A1-3-4 减少硬质下垫面面积，使场地径流系数开发后不大于开发前

A1-4
利用本地资源

策划规划

A1-4-1 对场地内既有的建筑设施通过评估进行最大化利用，减少拆改重建

A1-4-2 根据场地环境特点提出可再生能源总体循环方案

方案设计

A1-4-3 对该地区太阳能收集与利用情况进行评估

A1-4-4 对该地区风能利用情况进行评估

A1-4-5 对该地区雨水收集循环利用进行评估

A1-4-6 研究本地传统建筑，挖掘属地材料与工艺建造方式

A2
总体布局

A2-1
利用地形地貌

策划规划

A2-1-1 借助场地原有地势的高差变化组织建筑布局

A2-1-2 利用场地原有水系组织建筑布局

A2-1-3 选择城市棕地进行再生利用

方案设计

A2-1-4 尽可能将建筑功能集约成组布置，释放更多的土地，还土地于自然

A2-1-5 保留场地原生树木展开建筑布局

A2-2
顺应生态廊道

策划规划

A2-2-1 保持城市生态廊道的连续性，依据生态廊道展开建筑布局与交通联系

方案设计

A2-2-2 围绕生态廊道营造开放性功能活动空间

A2-2-3 对现状环境有良好生态效益和景观效果的生态斑块和生态廊道进行保留、保护与修复，减少人为的干预

A2-3
适应气候条件

方案设计

A2-3-1 建筑布局应结合气候特征，分析确定最佳的建筑朝向及比例

A2-3-2 严寒地区建筑布局优先关注冬季防风保温与全年采光效果

A2-3-3 寒冷地区建筑布局应兼顾冬季防寒与夏季通风，并关注日照采光

A2-3-4 夏热冬冷地区建筑布局优先关注夏季通风放热，冬季适当防寒

A2-3-5 夏热冬暖地区建筑布局优先关注夏季通风防雨，抵御日照强辐射

A2-3-6 温和地区建筑布局应充分利用被动式技术使用的条件优势

A2-3-7 借助建筑与生态环境交融，营造场地微气候

A2-3-8 基于场地热环境修正建筑布局

A2-3-9 基于场地风环境修正建筑布局

A2-3-10 基于场地噪声环境分析优化建筑布局

技术深化

A2-3-11 使用树木、围栏或邻近建筑物作为风的屏障

A2-3-12 多层级绿化体系规避热岛效应

A2-3-13 室外露天场地设置遮阴绿植或设施，减少热岛效应

A2-4
建立生长模式

策划规划

A2-4-1 大尺度规划时采用生长型组团分期扩张的策略

A2-4-2 以脉络化的公共共享空间串联未来的业态发展

方案设计

A2-4-3 拓扑标准的功能单元母题展开建筑布局

A2-5
优化交通系统

策划规划

A2-5-1 分析周边公共交通条件，建立最快捷接驳方式

A2-5-2 根据周边建筑道路进出高程，设置立体化步行系统

方案设计

A2-5-3 倡导人车分流复合型交通体系

A2-5-4 鼓励公共建筑多首层进入方式，提升建筑使用效率

技术深化

A2-5-5 鼓励电动共享汽车的应用代替大规模小汽车停车场的设置

A2-5-6 采用立体式机械停车，对停车空间占用进行优化

方案设计

A2-5-7 场地设施人性化设计，提高使用品质

A2-6
利用地下空间

策划规划

A2-6-1 高层建筑提倡高强度开发利用地下空间

A2-6-2 地下空间利用优先选择地上主体建筑基础覆盖区域

方案设计

A2-6-3 通过半室外生态化等处理方式优化地下空间自然品质

A2-6-4 对不需自然采光通风的功能性空间优选设置在地下

A2-7
整合竖向设计

策划规划

A2-7-1 根据建筑功能不同选择适宜场地

方案设计

A2-7-2 台阶坡道边坡挡墙等竖向设施景观化处理

A2-7-3 采用多样性的竖向设计手法，营造不同的空间环境

技术深化

A2-7-4 实施土方平衡设计，减少土石方工程量

A2-7-5 利用场地数字模型，辅助竖向设计，完成土方计算

A3
形态生成

A3-1
融入周边环境

方案设计

A3-1-1 城市环境中，通过建筑形体策略与周边城市肌理相融合

A3-1-2 城市环境中，通过建筑开放空间与周边城市路径相连通

A3-1-3 山地或湿地等自然环境主导的场地中，依托地形的自然态势进行形态设计

A3-1-4 山地或湿地等自然环境主导的场地中，将体量打散，以小尺度关系轻介入场地环境

A3-2
反映地域气候

方案设计

A3-2-1 利用建筑自身形态的起伏收放，优化自然通风、采光、遮阳

A3-2-2 年降雨量大的地区宜采用坡屋面设计，有利于建筑排水

A3-2-3 气候潮湿或通风不好的地区，可采用底层架空促进气流运动上升

A3-2-4 强太阳辐射地区可通过完整屋面覆盖，为下方功能与开放活动空间提供遮阴条件

A3-2-5 强太阳辐射与多雨地区可通过裙房连接形成室外檐廊，为人群活动提供遮风避雨条件

A3-2-6 寒冷、严寒地区建筑体形应收缩，减少冬季热损失

A3-2-7 西北大风地区，建筑整体形态应厚重易于封闭，减少风沙侵入

A3-2-8 夏热冬冷、温和地区的建筑形态设计应考虑季节应变性，实现开敞与封闭状态间切换

A3-3
尊重当地文化

方案设计

A3-3-1 从当地传统建筑形制中汲取气候适应性形态原型

A3-3-2 对历史建筑、工业遗迹进行再利用，延长生命周期的同时延续场所记忆

A3-4
顺应功能空间

方案设计

A3-4-1 建筑形态基于内部的功能需求与功能组织，由内而外自然生成

A3-4-2 建筑剖面形态与其平面功能相适应

A3-4-3 借助不同功能体量错动形成院落平台空间

A3-5
反映结构逻辑

方案设计

A3-5-1 建筑结构一体化设计，形态与结构合理性协同考量

A3-5-2 结构本体作为外部形态的直接反映

A3-5-3 装配式建造反映标准化与构件化形式逻辑和语言

A3-6
控制装饰比例

方案设计

A3-6-1 建筑外部装饰应结合构件功能，减少无用的装饰构件

技术深化

A3-6-2 选用当地富产的材料，结合功能需求做有限度的挂饰

施工配合

A3-6-3 倡导原生材料素面作为室内外装饰完成面

A3-7
选用标准设计

方案设计

A3-7-1 以标准设计系统化方法统筹考虑建筑全寿命周期

A3-7-2 遵循模数协调统一的设计原则，符合国家标准

A3-7-3 居住建筑，满足楼栋标准化、套型标准化和厨卫标准化的多元多层次设计要求

技术深化

A3-7-4 采用标准化、定型化的主体部件和内装部品

A3-7-5 部件部品采用标准化接口

A3-8
鼓励集成建造

策划规划

A3-8-1 采用建筑通用体系，符合建筑结构体和建筑内装体一体化集成设计要求

方案设计

A3-8-2 以少规格、多组合的原则进行设计，满足标准化与多样化要求

技术深化

A3-8-3 建筑结构体和主体部件设计满足安全耐久、通用性要求

A3-8-4 建筑内装体和内装部品设计满足易维护、互换性要求

A4
空间节能

A4-1
适度建筑规模

策划规划

A4-1-1 根据使用需求控制总体建设规模与任务书编制

A4-1-2 综合评定建筑高度与土地价值以及环境友好的关系

A4-2
区分用能标准

方案设计

A4-2-1 根据空间的功能需求（低、中、高）定义用能标准

A4-2-2 根据使用者停留时间（快速通过、间歇停留、长时使用）定义用能标准

A4-2-3 根据空间的使用类型（被服务性、服务性）定义用能标准

A4-2-4 根据不同地域与季节中温湿度水平和人体的热舒适范围来定义用能标准

A4-3
压缩用能空间

方案设计

A4-3-1 减少封闭的公共休憩空间，提倡室外与半室外非耗能空间

A4-3-2 设置适宜缓冲的过渡空间调节室内外环境，可降低其用能标准和设施配备

技术深化

A4-3-3 室外等候空间采用喷淋降温、风扇降温等非耗能方式提高舒适度

A4-4
控制空间形体

方案设计

A4-4-1 严寒地区及部分寒冷地区体形系数宜尽量缩小，减小与外界的接触面

A4-4-2 基本房间单元单向进深尽量控制在8~12m，确保空间自然采光与通风效果

A4-4-3 强太阳辐射地区通过外檐灰空间降低外墙附近的辐射热交换作用

A4-4-4 交通枢纽建筑与博览建筑等超大尺度空间应控制空间高度，避免大而无用的空间

A4-5
加强自然采光

方案设计

A4-5-1 增加室内与室外自然光接触的空间范围，优先利用被动节能技术

A4-5-2 在平衡室内热工环境的前提下，适当增加外立面开窗或透光面比例

A4-5-3 大进深空间可采用导光井或中庭加强自然采光

A4-5-4 阅读区、办公区等照度需求高的空间宜靠近外窗布置，同时设置遮阳措施避免眩光干扰

A4-5-5 通过下沉广场等方式提升地下空间自然采光效果

A4-5-6 立面采光条件有限时可采用天窗采光，丰富室内光线感受

A4-5-7 展览类或其他有视线要求的功能空间应精细化进光角度，采用高侧窗或天窗等方式避免视线干扰

A4-6
利用自然通风

方案设计

A4-6-1 利用主导风向布置主要功能空间

A4-6-2 依靠中庭空间与中庭高侧窗形成烟囱效应，增强热压通风

A4-6-3 在建筑体量内部根据风径切削贯穿空腔，形成引风通廊

A4-6-4 潮湿地区通过首层地面架空引导自然通风，防潮祛湿

A4-6-5 通过地道与地道表面的覆土等将室外风降温后引入室内

A4-6-6 在进风口外围通过设置水面或绿荫降低气流进入温度

A5
功能行为

A5-1
剖析功能定位

方案设计

A5-1-1 固定人员场所使用功能空间应集约布置，侧重于提升房间舒适度标准

A5-1-2 流动人员场所结合功能和环境布置，侧重于空间连续性、开放性，适度降低舒适度标准

A5-1-3 根据功能适应性，确定空间形状比例

A5-1-4 对于功能相近、舒适度要求相近的空间集中布置

A5-2
引导健康行为

方案设计

A5-2-1 在气候适宜区增设半室外交通空间，鼓励室外出行

A5-2-2 将室内使用功能延展到室外，培养室外行为方式，通过建筑屋顶、檐廊、露台营造促进公共交流的空间

A5-2-3 控制室内楼梯、坡道与建筑物主入口和电梯的距离，提高楼梯、坡道的辨识度，增加其使用率

A5-2-4 交通空间的设置宜结合采光、通风、室内外景观效果综合考虑

A5-2-5 办公空间或人员长期停留的场所应设置一定比例的休闲健身空间

A5-2-6 在建筑物附近设非机动车停放点，为低碳出行提供便利条件

A5-3
植入自然空间

方案设计

A5-3-1 围绕建筑功能与主要动线穿插室外生态庭院

A5-3-2 在全年气候适宜区将外部环境延展至室内，模糊建筑与自然边界

A5-3-3 在冬季严寒及寒冷地区利用中庭营造室内庭院

A5-3-4 中庭、檐廊、平台等开放空间尽可能结合自然绿色植物营造生态性空间

A5-3-5 高层建筑利用屋面和各层平台营造空中花园

A5-4
设置弹性空间

方案设计

A5-4-1 满足内部空间的灵活性与适应性要求，便于灵活布置空间和后期维护改造

A5-4-2 采用开放空间结构体系，为设置弹性空间创造基础条件

A5-4-3 采用轻质隔断划分内部空间，实现空间使用多样化

A5-4-4 采用管线分离方式，满足定期和长期的维护修缮要求

A5-5
优化视觉体验

方案设计

A5-5-1 室内空间组织充分利用外部环境景观条件，保证视线通廊的连续性、均好性

A5-5-2 结合使用者视线高度、视线需求综合考量开窗洞口位置和栏杆设置

A5-5-3 借助色彩设计对空间表达进行改善，关爱使用者的视觉及心理体验

A5-5-4 视线干扰设计保证使用者私密性

A5-6
提升室内环境

方案设计

A5-6-2 室内黑房间、大进深房间可利用主动式采光装置引入自然光线

A5-6-5 采取有效构造措施加强建筑内部的自然通风

A5-6-6 严寒及寒冷地区面对冬季主导风向的外门设置门斗

A5-6-7 保证自然通风开窗面积和节能窗墙比前提下优化立面美学设计

A5-6-8 合理设置建筑布局，噪声敏感房间远离噪声区或采取降噪措施

A5-6-9 室内土建装饰材料减少挥发性有机化合物

技术深化

A5-6-1 居住类建筑的卧室、起居室通过窗地比下限，保证自然采光效果

A5-6-3 公共建筑通过遮阳和调光控制防止室内眩光影响

A5-6-4 居住类建筑的卧室、起居室通过通风开口面积与房间地板面积比下限保证自然通风效果

A5-7
布置宜人设施

方案设计

A5-7-1 合理规划场地流线，并设置缘石坡道、轮椅坡道、盲道等辅助设施

A5-7-2 公共建筑内设置母婴室、医疗救护站、无性别卫生间、垃圾分类点等人性化设施

A5-7-3 公共区域设置休息座椅，方便人群休憩

A5-7-4 合理规划室内流线并设置无障碍电梯、无障碍卫生间等辅助设施

技术深化

A5-7-5 将突出器具（饮水机、垃圾桶）嵌入墙体，减少室内通道行进的磕绊风险

A5-7-6 在老年人、幼儿可达的公共建筑的公共区域，采取"适老益童"设计措施

A5-7-7 通过材质、色彩等方式将标识系统与建筑空间一体化考虑

A6
围护界面

A6-1
优化围护墙体
方案设计
A6-1-1 选择蓄热能力较好的外墙体系
A6-1-2 利用双层幕墙形成围护墙体中空层，减少外墙室内外热交换影响
技术深化
A6-1-3 采用隔热效果较好的Low-E中空玻璃，减少室内外交换热损耗
A6-1-4 选用隔热、断热型材幕墙，避免螺钉连接室内外铝型材
A6-1-5 冷热桥薄弱位置处保温构造需加强处理

A6-2
设计屋面构造
方案设计
A6-2-1 日照条件好的地区考虑设置屋面光伏板等太阳能自然能源收集系统
A6-2-2 屋面尽可能考虑设置屋顶花园或绿化，有效保温隔热降噪
A6-2-4 屋面铺装尽可能减少平滑深色材料，多使用多孔表面
技术深化
A6-2-3 种植屋面的植物、覆土及相应的荷载需求、防排水措施应精细化设计
A6-2-5 架空型保温屋面可利用空气间层减少热传递作用
A6-2-6 倒置式保温屋面可借助高效保温材料有效提高防水层使用寿命与整体性
A6-2-7 热反射屋面借助高反射材料可有效降低辐射得热和对流传热作用
A6-2-8 通风瓦屋面系统降低建筑顶层室内的温度
A6-2-9 蓄水屋面提升屋顶围护界面蓄热隔热效果
A6-2-10 设置屋面雨水收集系统

A6-3
优化门窗系统
方案设计
A6-3-1 控制不同朝向窗墙比，顺应夏季主导风向，避开冬季主导风
A6-3-2 合理选择窗户开启方式，优先平开，减少推拉
A6-3-3 常规房间尽可能通过开窗实现自然排烟，减少机械排烟设备设施
A6-3-4 在不需要开启窗户的地方使用固定窗，减少不必要的能量损失
A6-3-5 日照条件好的地区可以采用太阳能光伏玻璃替代传统幕墙，夏季阻止能量进入，冬季防止室内能量流失
A6-3-6 严寒地区和寒冷地区可根据太阳高度角精细化采光角度，冬季接收更多的太阳辐射热
技术深化
A6-3-7 根据空间使用需求，确定窗墙比、开窗位置、开窗大小、开窗形式、门窗气密性和隔声性能
A6-3-8 模拟外围护结构热工性能，合理确定门窗传热系数，在造价可控的情况下采用高性能窗户
A6-3-9 可选用带有自动通风装置、具备自动调节采光能力的智能型门窗
A6-3-10 保证自然通风开窗面积和节能窗墙比前提下优化立面美学设计
A6-3-11 提高门窗框型材的热阻值，减少热损耗
A6-3-12 完善门窗气密性构造措施

A6-4
选取遮阳方式
方案设计
A6-4-1 鼓励利用建筑自身形态形成建筑自遮阳
A6-4-2 南向窗户或低纬度北向窗户宜采取水平遮阳方式
A6-4-3 东北、西北方向的窗户宜采取垂直遮阳方式
A6-4-4 可通过永久性建筑构件，如：外檐廊、阳台、遮阳板等为建筑提供水平式遮阳
A6-4-5 建筑立面可考虑采用方向可调节的遮阳构件，以便适应不同日照条件
A6-4-6 通过靠近建筑种植大型乔木

提供环境遮阳
A6-4-7 可选择爬藤类植物提供墙面遮阳
A6-4-8 采光天窗宜采用电动式可调节遮阳百叶，适应不同的日照、采光条件

A7
构造材料

A7-1
控制用材总量
策划规划
A7-1-1 新建项目优先考虑共享周边既有设施
方案设计
A7-1-2 改造项目中，采用"微介入"式改造策略，最大化利用原有建筑空间及结构
技术深化
A7-1-3 控制材料及构造节点的规格种类，统筹利用材料减少损耗
A7-1-4 利用BIM，搭建算量模型，精准掌控建材用量

A7-2
鼓励就地取材
方案设计
A7-2-1 尽量选择区域常规材料作为装饰主材，减少运输损耗成本
A7-2-2 改造项目利用拆除过程中产生的废料重新建构，减少对社会的垃圾输出和排放
A7-2-3 对改造过程中拆除的废料进行二次加工再应用
技术深化
A7-2-4 可采用地区常规工艺做法，提高建造效率，确保建造品质

A7-3
循环再生材料
方案设计
A7-3-1 鼓励使用可再生材料进行设计，优先选用再生周期短的可再生材料，方便快速更换
A7-3-2 鼓励使用可回收材料
A7-3-3 鼓励使用可降解的有机自然材料

A7-4
室内外一体化

方案设计

A7-4-1 室内装修与园林景观应与建筑设计风格统一，方便材料采购的同时保证体验的连续性

A7-4-2 土建设计与装修设计一体化同步进行，减少建筑材料和机电设施在衔接过程中的损耗

技术深化

A7-4-3 鼓励设计室内外一体化的建构方式，统筹解决内外的衔接细节，保障完整的效果

S
结构专业

S1
工程选址

S1-1
地震带区域选址

策划规划、方案设计

S1-1-1 工程选址应避让地震带

S1-2
地质危险区域选址

策划规划、方案设计

S1-2-1 工程选址不应选择对建筑物有

潜在威胁或直接危害的地段作为建筑场地

S2
材料选择

S2-1
结构材料选择

方案设计、技术深化

S2-1-1 应充分考虑不同材料的特点及优势，扬长避短

S2-1-2 应合理采用高强材料

S2-1-3 应遵从材料强度匹配原则

S2-1-4 应充分利用可再生材料、工业废料降低单位体积混凝土碳排放

S2-1-5 应合理使用竹、木结构

S2-2
非结构材料选择

方案设计、技术深化

S2-2-1 应遵循就地取材原则

S2-2-2 高层建筑优先采用轻质材料，降低自重

S2-2-3 应尽可能采用可回收材料

S3
结构寿命

S3-1
耐久年限

策划规划、方案设计

S3-3-1 应合理提高耐久年限

S3-2
设计使用年限

策划规划、方案设计

S3-3-2 应合理提高设计使用年限

S4
结构选型

S4-1
结构主体选型

方案设计、技术深化

S4-1-1 地上结构选型应优选利于抗震的规则形体

S4-1-2 重要工程宜采用减、隔震等可有效提高抗震韧性的技术

S4-1-3 在风荷载较大地区，应考虑采用利于抗风的气动措施

S4-1-4 在风、雪荷载较大的地区，应谨慎使用膜结构

S4-1-5 宜采用利于排水和排雪的轻型屋盖形式

S4-1-6 在沿海腐蚀性强的地区，可优先考虑钢筋混凝土或型钢混凝土结构

S4-1-7 地下室结构选型应遵循综合比选原则

S4-1-8 在软弱地基区域优先采用轻质结构形式

S4-1-9 应采用绿色地基技术

S4-1-10 在地下室较深及地下水位较高时，如采用"两墙合一"方案具有综合的技术经济效益应作为优选

S4-2
其他结构选型

方案设计、技术深化

S4-2-1 应结合建筑功能采用适宜的柱网

S4-2-2 应采用高效且尺度适宜的结构构件

S4-2-3 结构设计对后续可能的使用功能改变，应具备必要的适应性

S4-2-4 采取有效措施控制结构裂缝

S4-2-5 应重视非结构构件的安全

S4-2-6 应考虑设计施工一体化

S4-2-7 幕墙设计应与建筑结构协调，有条件时应一体化设计

注：S～I部分见本套丛书《绿色建筑设计导则 结构/机电/景观专业》一书。

W

给水排水专业

W1

能源利用

W1-1
再生能源利用

方案设计

W1-1-1 日照资源丰富的地区宜优先采用太阳能作为热水供应热源

W1-1-2 在夏热冬暖、夏热冬冷地区，宜采用空气源热泵作为热水供应热源

W1-1-3 在地下水源充沛、水文地质条件适宜，并能保证回灌的地区，宜优先利用地下水源热泵

W1-1-4 在地表水源充足、水文地质条件适宜的地区，宜优先利用地表水源热泵

W1-2
工业余热利用

方案设计

W1-2-1 工业高温烟气利用

W1-2-2 工业冷却水余热利用

W1-3
传统能源利用

方案设计

W1-3-1 采用能保证全年供热的热力管网作为热水供应热源

W1-3-2 如果项目所在地无法利用可再生能源与市政热源，应采用燃油（气）等动力作为热水供应热源

W1-3-3 项目设计中应结合当地气候、自然资源和能源情况，对热水供应热源进行优化和组合利用

W2

节水系统

W2-1
制定水源方案

方案设计

W2-1-1 应结合项目实际情况，制定水资源利用方案

W2-2
给水系统设计

方案设计

W2-2-1 采用市政水源供水时，应充分利用城市供水管网的水压

技术深化

W2-2-2 制定合理供水压力，防止超压出流

W2-2-3 生活水箱、水罐等储水设施应满足卫生要求

W2-2-4 给水管道、设备和设施应设置明晰的永久性标识

W2-3
热水系统设计

方案设计

W2-3-1 应根据项目实际情况和热水用量需求，采用分散或集中热水系统

W2-3-4 集中热水系统应设置热水循环，并应有保证循环效果的技术措施

技术深化

W2-3-2 热水水质应符合卫生要求

W2-3-3 分区宜与给水分区一致，并应有保证用水点处冷、热水供水压力平衡和出水温度稳定的技术措施

W2-3-5 集中热水系统的设备和管道应做保温，保温层的厚度应经过计算确定

W2-3-6 公共浴室热水管网宜成环布置，应设循环回水管，循环管道应采用机械循环

W2-3-7 集中热水系统宜设置计量、监测、控制和故障报警等智能管理系统接口

W2-4
循环水系统

方案设计

W2-4-1 空调冷却循环水系统的冷却水应循环使用

W2-4-2 空调冷却循环水系统水源应满足系统的水质和水量要求，补水宜优先使用非传统水源

W2-4-4 空调冷源方案考虑建筑节水，宜优先选用风冷方式

W2-4-5 空调冷凝水应根据建筑内回用水系统设置情况，收集后作杂用水、景观和绿化使用

W2-4-6 游泳池、水上娱乐池等应采用循环给水系统，其排水应重复利用

W2-4-7 洗车场宜采用无水洗车、微水洗车技术

W2-4-8 地下水源热泵换热后应回灌至同一含水层，抽、灌井的水量应能在线监测

技术深化

W2-4-3 多台冷却塔同时使用时宜设置集水盘连通管等水量平衡设施

W2-5
减少管网漏损

方案设计

W2-5-2 合理控制供水系统的工作压力

技术深化

W2-5-1 选用密闭性能好的阀门、设备，使用耐腐蚀、耐久性能好的管材、管件

W2-5-3 建筑给水、中水系统的水池和水箱溢流报警应与进水阀门自动联动关闭

W2-5-4 根据水平衡测试要求设置分级计量水表

W2-5-5 室外埋地管道应根据当地实际情况选择适宜的管道敷设及基础处理方式

W3

节水设备和器具

W3-1
节水器具选择

技术深化

W3-1-1 坐式大便器宜采用设有大、小便分档的冲洗水箱

W3-1-2 居住建筑中不得使用一次冲洗水量大于6L的坐便器

W3-1-3 小便器、蹲式大便器应配套采用延时自闭式冲洗阀、感应式冲洗阀、脚踏冲洗阀

W3-1-4 公共场所的卫生间洗手盆应采用感应式或延时自闭式水嘴

W3-1-5 洗脸盆等卫生器具应采用陶瓷片等密封性能良好、耐用的水嘴

W3-1-6 水嘴、淋浴喷头内部宜设置限流配件

W3-1-7 双管供水的公共浴室宜采用带恒温控制与温度显示功能的冷热水混合淋浴器

W3-2
节水设备

方案设计

W3-2-1 生活热水系统水加热设备应满足安全可靠、容积利用率高、换热效果好等要求

W3-2-2 中水、雨水、循环水以及给水深度净化的水处理宜采用自用水量较少的处理设备

施工配合

W3-2-3 成品冷却塔应选用冷效高、飘水少、噪声低的产品

W3-2-4 车库和道路冲洗应选用节水型高压水枪

W3-2-5 洗衣房和厨房应选用高效、节水的设备

W4

非传统水源利用

W4-1
污水再生利用

方案设计

W4-1-1 应因地制宜确定再生水利用方案

W4-1-2 当再生水为自行处理时，原水应优先选择水量充裕稳定、污染少、易处理的水源

W4-1-3 中水用于多种用途时，应按不同用途水质标准进行分质处理

W4-2
雨水利用

方案设计

W4-2-1 雨水直接利用及其适用场所

W4-2-2 雨水间接利用及其适用场所

W4-3
海水利用

方案设计

W4-3-1 对于沿海地区城市，经技术经济比较后，可采用海水淡化冲厕替代淡水

W4-4
特殊水源利用

方案设计

W4-4-1 洁净矿井水和含一般悬浮物矿井水利用

W4-4-2 低盐度苦咸水利用

W5

室内环境与空间

W5-1
设备降噪措施

方案设计

W5-1-1 需要日常运行的设备间，不应毗邻居住用房或在其上层和下层

施工配合

W5-1-2 设备机房应采取减振防噪措施

W5-1-3 冷却塔应采取减振防噪措施

W5-1-4 管道连接和敷设应满足室内降噪要求

W5-2
污废气味减排

方案设计

W5-2-1 生活污废水系统应按照现行规范要求，设置合理、完善的通气系统

W5-2-2 中水处理机房、污水泵房、隔油器间等应通风良好，保证足够的换气次数，设置独立的排风系统

施工配合

W5-2-3 应选择符合产品标准的优质地漏

W5-3
设备空间集约

方案设计

W5-3-1 主要设备机房的布置应满足建筑使用功能，避开有商业价值的区域

W5-3-2 消防水池可以利用不规则空间实现储水功能

W5-3-3 水箱、设备和泵组的布置应考虑与建筑布局紧密结合

H

暖通专业

H1

人工环境

H1-1
温湿度需求标准

方案设计

H1-1-1 因地制宜，从使用功能需求出发确定室内环境标准

技术深化

H1-1-2 对于非特殊要求的空间，采用较低的热舒适标准

H1-1-3 共享空间优先控制室内温度场

H1-1-4 有恒温恒湿需求的室内空间应确保系统设置的有效与节能

H1-1-5 室内游泳馆、水上乐园室内湿度控制更重要

H1-2
空气品质健康化

技术深化

H1-2-1 通过人均新风量标准和人员密度值的确定实现新风的合理量化

H1-2-2 通过除尘、杀菌、净化等技术措施使空气品质满足标准要求

H2
系统设施

H2-1
优化输配系统

技术深化

H2-1-1 采用高效水泵，降低水系统输送能耗

H2-1-2 采用高效风机，降低输配能耗

H2-1-3 水泵、风机可按系统需要采用变频技术，降低部分负荷时运行电耗

H2-2
核心设备能效提升

技术深化

H2-2-1 合理确定冷热源机组容量，适应建筑满负荷和最低负荷的运行需求

H2-2-2 选择高效冷热源设备，提高综合运行能效

H2-2-3 采用变制冷剂流量多联设备，降低运行能耗

H2-2-4 采用磁悬浮设备，降低运行能耗

H2-2-5 设备选用能效等级满足或高于相关规范节能评价值的产品

H2-3
能量回收技术

技术深化

H2-3-1 同时具有供冷供热需求时可应用冷凝热回收技术，提高能源综合利用率

H2-3-2 根据建筑功能及所在气候条件、运行时长综合判断排风热回收的适宜性

H2-3-3 烟气余热回收技术的应用

H2-4
自然通风系统

方案设计

H2-4-1 结合建筑所在地区气候及污染源情况，评估自然通风的适宜性

技术深化

H2-4-2 根据气候区及建筑功能落实自然通风措施

H2-5
免费供冷应用

方案设计

H2-5-1 根据负荷确定冷却塔的台数及水泵的设置，细化技术方案

技术深化

H2-5-2 末端形式选择及运行策略

H2-6
末端形式多样性

方案设计

H2-6-1 采用变风量末端系统，室内舒适度高，系统灵活性好

H2-6-2 采用辐射末端，可实现温湿度独立控制，避免能源过度输入

H3
能源利用

H3-1
自建区域集中能源

方案设计

H3-1-1 根据负荷特征和能源供给条件分析区域能源系统的可行性

H3-2
常规能源高效应用

技术深化

H3-2-1 具备市政热力条件时，优先使用

H3-2-2 采用电制冷系统时，根据负荷需求合理选择单台设备容量及台数

H3-2-3 合理地设置冷凝散热设备

H3-3
地热资源应用

方案设计、技术深化

H3-3-1 具有相关勘察报告、经过技术经济分析确认可行，并获得政府相关部门审批的前提下可进行浅层地热资源开发利用

H3-3-2 经勘探、经济技术分析可行的前提下，可进行深层地热的开发应用

H3-4
蓄能系统应用

方案设计

H3-4-1 蓄能系统应用适宜性判断

H3-4-2 采用固体电蓄热，蓄热设备占用空间小，蓄热能力高

H3-4-3 采用显热蓄能，兼具蓄冷和蓄热的功能

H3-4-4 采用潜热蓄能，冰蓄冷的蓄能密度高

H3-5
空气源热泵系统

方案设计

H3-5-1 注意落实室外设备的设置位置和散热条件

技术深化

H3-5-2 按照设计工况、设置位置，进行设备运行参数修正

H3-6
蒸发冷却系统

方案设计

H3-6-1 方案阶段应判断蒸发冷却的适用性

技术深化

H3-6-2 湿球温度较低的地区采用多级蒸发冷却技术替代常规制冷系统

H3-7
太阳能综合利用

方案设计

H3-7-1 根据相关数据判断太阳能资源的丰富程度

H3-7-2 根据需求选择太阳能的利用方式

H3-7-3 根据需求确定光热辅助应用的技术策略

H3-8

冷热电分布式能源

方案设计

H3-8-1 明确燃气供应条件和电力消耗、冷热负荷需求

H3-8-2 明确系统能源供应策略、余热利用原则

技术深化

H3-8-3 针对系统形式、余热利用方式、设备匹配原则进行论证

H3-9

地道通风系统

方案设计

H3-9-1 依据气候条件判断地道换热通风系统的适用性

H3-9-2 依据负荷需求深化地道尺寸路由设计

H4

气流组织

H4-1

合理组织室内空气流动

技术深化

H4-1-1 空调送风方式应符合规范的基本要求

H4-1-2 满足不同的需求，采用多种送风方式

H4-1-3 诱导通风方式有效提高通风效率，降低全面通风系统管道占用高度

H5

设备用房

H5-1

合理的机房位置

方案设计

H5-1-1 制冷机房、热交换站（含水泵房）位置应尽量靠近负荷中心，远离功能用房

H5-1-2 自建锅炉房的项目，站房设置应满足消防要求以及大气污染物排放要求

H5-1-3 空调、新风机房的位置应综合考虑服务半径、防火分区划分、消声减震要求等因素进行设置

H5-1-4 消防系统专用机房的位置主要考虑进排风口的距离要求

H6

控制策略

H6-1

通用性控制要求

技术深化

H6-1-1 新风机组的送风温湿度、机组启停、联锁运行、防冻保护、故障报警等进行控制，实现系统优化运行

H6-1-2 对空调机组的送风温湿度、机组启停、连锁运行、故障报警等进行控制，实现系统优化运行

H6-1-3 通风设备的参数进行检监测、变频定频控制、故障报警，保障系统正常运行

H6-2

能源群集控制要求

技术深化

H6-2-1 根据介质温度调节机组、水泵、冷却塔的运行台数，根据供回水压差调节旁通阀开度，实现冷站节能可靠运行

H6-2-2 采用数据通信技术，实现高效可靠的数据传输，可以更灵敏的应对负荷变化，提高保障率

H6-2-3 热源系统的自动检测与控制提高安全性、满足经济运行

H6-3

空气品质检测控制

技术深化

H6-3-1 通过CO_2浓度检测调节新风量，实现空调系统节能运行

H6-3-2 通过可吸入颗粒物浓度检测控制空气净化系统运行及设备维护，实现空调系统高品质运行

E

电气专业

E1

空间利用

E1-1

机房选址条件

方案设计

E1-1-1 建筑内设有多个变电所时，与市政对接变电所需考虑与上下级电源对接的便捷条件，位置靠近负荷中心

技术深化

E1-1-2 建筑内部用电设备配电间设在负荷附近，便于观察与管理；区域配电间贴近负荷中心，降低线路损耗

E1-2

空间二次利用

技术深化

E1-2-1 机房环境与内部配电装置安装均要满足安全性、可维护性和可持续性的要求，利于持续发展

E1-2-2 机房设备搬运需考虑整个运输通道的承载条件，避免一次和二次运输对通道环境造成破坏

E2

能效控制

E2-1

优化控制策略

方案设计

E2-1-1 根据用电容量、用电设备特性、供电距离及当地电网现状选择适宜供

电电压等级，有利于减少电能损耗，保证供电质量及人身安全

E2-1-2 正确选择变压器类型、变压器台数及变压器容量，优化变压器运行策略，提高效率、节约能源

E2-1-3 提高供配电系统的功率因数，减少无功损耗

技术深化

E2-1-4 限制供配电系统电网谐波含量，净化供电电网质量

E2-1-5 综合提高供配电系统的功率因数、限制谐波含量，营造高品质用电环境

E2-1-6 约束配电导体截面，提高变电所配电回路的利用率

E2-2
电力驱动设备

技术深化

E2-2-1 采取有效的节能运行与控制模式管理垂直客梯，满足不同时间段内人流运载的需求，提高运载效率、最大限度地节约能源

E2-2-2 采取能源再生回馈技术，将运动中负载上的机械能（势能、动能）再生为电能，使能源得到有效的利用

E2-2-3 采取自动化控制手段管理大型公共场所的自动扶梯，使其达到经济合理的运维模式

E2-3
计量方案选择

方案设计

E2-3-1 当建筑物有总体计量要求时，计量装置应设置在电源进线的总端口

E2-3-2 当建筑物内有分类分项管理需求时，计量装置应按配电系统构架分类分项设置

E2-3-3 当建筑内有按部门独立核算或出租的场所时，计量装置既要满足区域总计量要求，同时又要满足分类分项要求

技术深化

E2-3-4 采用具有远传接口的功能性采集表具，且计量表具精度符合要求，以实现远端对数据的准确分析与决策管理

E2-3-5 计量表具安装要便于物业维护与管理，采集的数据应利于管理者总结与分析，使其不断优化和完善用电系统管理模式

E3
照明环境

E3-1
室内照明环境

方案设计

E3-1-1 选择健康的节能型光源，避免光源的色温及频闪对人眼造成伤害，提高照明质量与生活品质

E3-1-2 选择高效节能灯具及附件，注意光源投射方向，避免眩光干扰，提高配电效率，就地为灯具设置无功补偿装置

E3-1-3 正确选择场所内照度标准、限制照明功率密度值，满足照度水平，避免过度照明

E3-1-4 合理布置灯具，有效控制照明灯具的开启，融合利用自然光源和人工照明，达到节能控制的目的

技术深化

E3-1-5 定时对灯具进行维护管理，提高发光效率，保证正常工作与生活

E3-1-6 在日照时间段需要人工照明的区域，可采用光导管照明系统，有效利用自然光源，补充人工照明，做到节能环保

E3-2
室外照明环境

技术深化

E3-2-1 配置适宜于室外的高光效和低耗能光源，提高灯具效率的同时，可适宜引入太阳能路灯

E3-2-2 根据室外环境需求、确定照明水平和效果，通过智能控制方式对不同时间段路面照明及环境照明效果进行调节，利于节约能源

E3-2-3 城市夜景照明应利用截光型灯具等措施，确保无直射光射入空中，避免溢出建筑物范围以外的光线，限制光污染

E4
清洁能源

E4-1
光伏发电利用

策划规划

E4-1-1 光伏发电系统的发电量主要取决于系统安装地的太阳能资源，气象资料的采集是系统设计中的重要步骤

方案设计

E4-1-2 了解光伏发电系统构成形式，可帮助设计人员在设计中正确应用

E4-1-4 选择适宜的光伏发电系统的关键是要了解光伏组件的分类

技术深化

E4-1-3 了解当地电力基础建设水平，构建合适的光伏系统，充分保证电力资源与太阳能资源合理利用

E4-1-5 根据建筑外形及所需负荷容量，确定光伏组件的安装位置、类型、规格、数量及光伏方阵的面积

E4-1-6 光伏电池板的安装应因地制宜，既要与建筑外形相融合，又要利于发电效率最大化

E4-2
风力发电利用

策划规划

E4-2-1 民用建筑设计中，是否设置风力发电系统，应根据当地气象资料，确定其可行性

方案设计

E4-2-2 考虑风力发电特性，在民用建筑中的应用宜将其所转化的电能作为辅助能源使用

E5
节能产品

E5-1
新型材料应用

技术深化

E5-1-1 在规范允许的范围内和导体截面不受敷设空间限制的场所可优先采用铜铝复合型铝合金电缆

E5-1-2 根据配电导体敷设的场所，采

用管壁较薄、性能符合环境要求的管材，有利于节约用工用料，提高经济效益

E5-2
新型设备应用
技术深化

E5-2-1 合理选择新型节能变压器，利于减低设备自身损耗，节约电能，提高运行效率，实现设备空间的集约化

E5-2-2 采用带有智能模块单元的智能配电系统，将分散系统整合为统一管理平台，可节约空间、利于维护管理、提升系统运行效率

E5-2-3 采用模块化控制保护开关CPS，减少安装空间，简化内部接线，模块化结构便于维护

E5-2-4 采用强弱电一体化设计，实现对机电设备配电和控制的有效运维与管理

L
景观

L1
景观布局

L1-1
适应地域气候特征
策划规划

L1-1-1 严寒及寒冷地区宜布置植物密林，有利于降低户外风速、提升室外温度

L1-1-2 夏热冬冷地区应注重夏季防热遮阳、通风降温，冬季兼顾防寒

L1-1-3 夏热冬暖地区宜布置亭阁、廊架等遮阳避雨设施及冠大荫浓的乔木，有利于降低室外温度

L1-2
适应场地现状特征
策划规划

L1-2-1 场地现状为山地、丘陵等地貌特征，宜保护及顺应原有地貌，减少地表形态的破坏

L1-2-2 场地现状为河湖水系等特征，宜保护及利用原有水网肌理，减少对自然生境的破坏

L1-2-3 场地现状为工业棕地、矿山等废弃地特征，宜进行生态修复，恢复场地自然生态环境

L1-2-4 场地现状为历史遗迹、文化遗存等特征，宜进行保留与再利用，延续场地记忆，体现地域历史文化特色

L2
景观空间

L2-1
优化户外功能空间
方案设计

L2-1-1 对于公共建筑户外景观空间，宜通过完善各类公共服务设施，满足公众的多元化需求，提高服务质量

L2-1-2 对于住宅建筑户外景观空间，应着重考虑为老人、儿童等不同年龄段的群体提供理想的游憩及游戏活动场所

L2-1-3 户外景观空间，需着重考虑便捷性与安全性，保障公众的身心健康

L2-2
营造户外怡人空间
方案设计

L2-2-1 宜通过日照分析，将户外空间布置在光照充足的区域，以便提升户外活动舒适度

L2-2-2 宜通过风环境分析，避免将户外空间布置在风口处，以减少强风的影响

L2-2-3 宜通过水环境分析，合理布置户外空间，避免对水生态、水资源造成不利影响

L2-2-4 宜通过声环境分析，设置景观地形、景观构筑物、植物密林等围合户外空间，以减少外界的噪声污染

L3
景观材料

L3-1
优化植物材料
技术深化

L3-1-1 宜合理选用乡土植物，利于设计本土化

L3-1-2 宜选用抗污染植物，减少大气污染物，并科学合理搭配植物品种，形成具备自然演替能力的健康植物群落

L3-1-3 宜合理选用节约型植物，以减少后期养护费用

L3-2
优化低碳材料
技术深化

L3-2-1 宜合理选用乡土建材，利于设计本土化

L3-2-2 宜合理选用新型低碳环保材料，利于节能减排、绿色环保

L3-2-3 宜注重废弃材料、旧材料的再生与利用，利于节能低耗

L4
景观技术

L4-1
运用立体绿化技术
方案设计

L4-1-1 对于建筑屋顶平台，设置屋顶花园，利于节约能源，提升环境舒适度

L4-1-2 对于建筑及景观墙体，设置垂直绿化，利于增加绿量、改善小气候环境
技术深化

L4-1-3 合理选择立体绿化适用植物品种，并考虑南北差异，减少后期维护

L4-2
海绵为先灰绿统筹

技术深化

L4-2-1 合理运用透水铺装，渗排结合，滞蓄雨水

L4-2-2 在道路、广场旁宜合理设置生态植草沟，作为雨水的传输、下渗途径

L4-2-3 合理设置下凹式绿地，消纳场地雨水径流，自然下渗，回养土地

L4-2-4 合理设置雨水花园及生态湿地，净化水质，调蓄雨水

I
智能化专业

I1
优化控制策略

I1-1
机电设备监控

运营调试

I1-1-1 对暖通专业冷热源系统、空调通风系统设备的运行工况进行监测、控制、测量和记录，实现建筑降低能耗

I1-1-2 对给水排水、智能照明、建筑供配电、电梯、太阳能热水等系统进行监测、测量和记录，实现节能降耗

I1-1-3 对建筑内环境空气质量进行监测、测量和记录，并与通风空调系统联动控制，有利于提升空气质量

I1-2
建筑能耗优化

运营调试

I1-2-1 根据能源的使用类型、管理模式，合理规划能耗分项计量方案

I1-2-2 根据能源使用情况，合理规划节能策略及节能措施

I1-3
智能场景优化

方案设计

I1-3-1 智能场景模式的设置和优化，有助于快速实现功能应用，提高效率

I1-3-2 考虑智能化系统之间、各专业之间的场景联动，让绿色建筑更可期

I2
提升管理效率

I2-1
搭建基础智能化集成平台

方案设计

I2-1-1 根据建筑的特点，合理规划系统技术架构

I2-1-2 根据建筑的不同需求，合理适配不同功能模块，并保证未来可扩展

I2-1-3 统一制定系统软硬件具有可扩展性的数据传输协议，统一标准

I2-2
物业运维管理的提升

运营调试

I2-2-1 制定合理的物业运维管理策略

I2-2-2 应用人脸识别等技术使安防更可靠

I2-2-3 运用BIM、GIS 等先进技术使建筑内设备数据可视化

I2-2-4 应用虚拟现实、现实增强等新技术提高物业运维管理水平

I3
节约材料使用

I3-1
信息网络系统优化

方案设计

I3-1-1 根据建筑特点，合理规划网络

系统及其架构

技术深化

I3-1-2 充分利用多种无线网络，节约布线材料

I3-2
综合布线系统优化

技术深化

I3-2-1 合理规划布线路径，减少线材使用

I3-2-2 提高光纤、低烟无卤线缆等环保管线材料的使用比例

I4
节约空间利用

I4-1
弱电机房空间利用

方案设计

I4-1-1 弱电机房选址应综合考虑建筑位置、围护结构等因素

I4-1-2 机房设备应选用节能、集成度高的产品，提升空间利用率，宜选用模块化产品

I4-2
弱电竖井空间利用

方案设计

I4-2-1 弱电竖井选址应综合建筑位置、楼层数量、设备数量合理规划

I4-2-2 弱电竖井应设置通风、空调设施，提升设备效率，延长设备寿命

参考文献

[1] 中华人民共和国住房和城乡建设部. 民用建筑绿色设计规范：JGJ/T 229-2010 [S]. 中国建筑工业出版社，2010.

[2] 中华人民共和国住房和城乡建设部. 绿色建筑评价标准：GB/T 50378-2019 [S]. 中国建筑工业出版社，2019.

[3] 中华人民共和国住房和城乡建设部. 海绵城市建设评价标准：GB/T 51345-2018 [S]. 中国建筑工业出版社，2018.

[4] 中华人民共和国住房和城乡建设部. 绿色保障性住房技术导则 [S/OL]. （2013-12-31）. http://rs.China builing.cn/2013315949/00.html?1402131733.

[5] 中华人民共和国住房和城乡建设部. 民用建筑供暖通风与空气调节设计规范：GB 50736-2012 [S]. 中国建筑工业出版社，2012.

[6] 中华人民共和国住房和城乡建设部. 建筑气候区划标准：GB 50178-93 [S]. 1994.

[7] 中华人民共和国住房和城乡建设部. 民用建筑设计统一标准：GB 50352-2019 [S]. 中国建筑工业出版社，2019.

[8] 中华人民共和国住房和城乡建设部. 城市居住区规划设计标准：GB 50180-2018 [S]. 中国建筑工业出版社，2018.

[9] 中煤科工重庆设计研究院（集团）有限公司. 重庆市公共建筑节能（绿色建筑）设计标准：DBJ 50-052-2020 [S]. 2020.

[10] 海南省建设厅. 海南省居住建筑节能设计标准 [S]. 2005.

[11] 崔愷. 本土设计 [M]. 北京：清华大学出版社，2008.

[12] 崔愷. 本土设计II [M]. 北京：知识产权出版社，2016.

[13] 崔愷. 工程报告 [M]. 北京：中国建筑工业出版社，2002.

[14] 中国建设科技集团. BIM技术科研成果汇编 [M]. 北京：中国建筑工业出版社，2000.

[15] 程大金. 图解绿色建筑 [M]. 天津：天津大学出版社，2017.

[16] 杨经文. 生态设计手册 [M]. 北京：中国建筑工业出版社，2014.

[17] 中国建筑设计研究院. 中国建筑设计研究院作品选 [M]. 北京：中国建筑工业出版社，2010.

［18］肖笃宁. 景观生态学（第二版）［M］. 北京：科学出版社，2020.

［19］杜炜. 绿色建筑认定标准及审查要点研究［M］. 北京：前沿科学出版社，2019.

［20］卢玫珺. 建筑物理环境学：绿色建筑·物理环境品质［M］. 北京：中国水利水电出版社，2015.

［21］中国建筑学会. 建筑设计资料集（新版）［M］. 北京：中国建筑工业出版社，2017.

［22］牛季平. 绿色建筑与城市生态环境［J］. 工业建筑，2009，39（12）：127-129.

［23］熊海，刘彬. 场地微气候综合分析方法［J］. 重庆建筑，2015，14（11）：13-15.

［24］邵国新，张源. 建筑自然采光方式探讨［J］. 节能，2010，29（06）：32-35+2.

［25］中华人民共和国国务院办公厅. 国务院办公厅关于推进海绵城市建设的指导意见［J］. 辽宁省人民政府公报，2015，32（11）：40-41.

［26］刘志鸿. 乘势而为，推动建筑业高质量绿色发展［J］. 建筑技艺，2019（10）：6-7.

［27］宋琪，杨柳. 试论建筑低碳化的内涵及其实现的根本途径［J］. 城市建筑，2014（02）：220.

［28］刘东卫，魏红，刘志伟. 新型住宅工业化背景下建筑内装填充体研发与设计建造研究［J］. 中国勘察设计，2014（09）：44-51.

［29］庄延革，孙元浜，张阳，等. 海绵城市建设中水文地质调查工作的重要性及其调查内容［J］. 吉林地质，2020，39（01）：84-86.

［30］赵青，胡玉敏，陈玲，等. 景观生态学原理与生物多样性保护［J］. 金华职业技术学院学报，2004（02）：39-44.

［31］高东，何霞红. 生物多样性与生态系统稳定性研究进展［J］. 生态学杂志，2010，29（12）：2507-2513.

［32］吴云一. 建筑设计中的自然本源［J］. 南方建筑，2002（02）：51-55.

［33］靳秀花. 总图规划在建筑设计中的作用［J］. 陶瓷，2020（08）：120-121.

［34］周静敏，陈静雯，伍曼. 装配式内装工业化系统在既有住宅改造中的应用与实验：设计篇［J］. 建筑学报，2020（05）：38-43.

［35］桂玲玲，张少凡. 地道风在建筑通风空调中的利用研究［J］. 广州大学学报（自然科学版），2010，9（05）：67-72.

［36］高振. 景观环境与视线对建筑形态塑造的设计手法探析［J］. 城市建设理论研究，2017（25）：72.

［37］安晶晶，燕达，周欣. 机械通风与自然通风对办公建筑室内环境营造差异性的模拟分析［J］. 建筑科学，2015，31（10）：124-133.

［38］杨建荣，方舟. 简析2019版《绿色建筑评价标准》节能要求［J］. 建设科技，2019（20）：51-53.

[39] 何水清，毛希元，何川. 浅议天然采光与建筑面积节能设计实践 [J]. 太阳能，2013（11）：55-59.

[40] 陈灿文，程军，胡芬飞. 蓄热材料概述及其应用 [J]. 广州化工，2011，39（14）：15-17.

[41] 陈吉涛，徐悟龙. 屋面用热反射涂料性能研究 [J]. 中国建筑防水，2011（22）：26-30.

[42] 陈柳钦. 从人文视角深化对绿色建筑的理解 [J]. 建筑节能，2010，38（11）：27-32.

[43] 何泉，王文超，刘加平，等. 基于Climate Consultant的拉萨传统民居气候适应性分析 [J]. 建筑科学，2017，33（04）：94-100.

[44] 李可昭. 传统民居"绿色智慧"探析——以鄂西南地区传统民居为例 [J]. 城市住宅，2020，27（02）：51-53.

[45] 苑征. 北京部分绿地群落温湿度状况及对人体舒适度影响 [D]. 北京：北京林业大学，2011.

[46] 潘东来. 城市轨道交通枢纽交通衔接研究 [D]. 武汉：华中科技大学，2005.

[47] 王子河. 坡屋面设计语汇及其当代表达 [D]. 长春：吉林建筑大学，2017.

[48] 麦华. 基于整体观的当代岭南建筑气候适应性创作策略研究 [D]. 广州：华南理工大学，2016.

[49] 杨思宇. "多首层"式综合体建筑空间城市性设计研究 [D]. 北京：北京建筑大学，2018.

[50] 董家丽. 云南地区气象条件对典型城市空气质量的影响研究 [D]. 昆明：云南大学，2019.

[51] 邱亦锦. 地域建筑形态特征研究 [D]. 大连：大连理工大学，2006.

[52] 盛利. 鲁中地区绿色农房建设模式研究 [D]. 济南：山东大学，2014.

[53] 陆帅. 装配式混凝土住宅建筑全寿命期设计研究 [D]. 南京：东南大学，2019.

[54] 冯林东. 适宜夏热冬暖地区的建筑遮阳技术研究 [D]. 西安：西安建筑科技大学，2008.

[55] 赵群. 传统民居生态建筑经验及其模式语言研究 [D]. 西安：西安建筑科技大学，2009.

[56] 夏伟. 基于被动式设计策略的气候分区研究 [D]. 北京：清华大学，2008.

[57] 刘鹏. 基于BIM的地域性绿色建筑评价研究 [D]. 合肥：合肥工业大学，2019.

[58] 英国政府能源白皮书. 我们能源的未来：创建低碳经济 [Z]. 2013.

后　记

　　中国建设科技集团于2018年底设立了近年来最重要的科技创新基金项目之一，开展了
"新时代高质量绿色建筑设计导则"的课题研究，也奠定了这本书的理论基础。该课题由崔
恺院士任首席科学家，集团孙英总裁引领，集团所属企业派出各专业的众多专家共同组成，
历时一年多于2019年12月24日结题完成，可谓重视非凡，也看出了集团在响应国家导向，
发挥集团设计优势，为行业绿色建筑更好发展的坚定决心。我本人也有幸作为课题负责人与
各位专家一同整理资料、梳理框架、调研学习、完善内容，大家在完成平日紧张的设计项目
的同时还能投入如此的精力，过程确实艰辛，结果还是颇有收获。又经过2020年这一年来
的图示绘制、案例研究、版式编排与校对的工作，终于得以出版，虽受疫情影响，也反映了
大家的认真与对品质的追求。

　　整个过程时间很紧，更多是源自大家多年来的积累，对绿色的理解与感悟。我自己也是
收获很多，近年来的绿色研究与实践终于能系统性地收束，心情还是激动不已。一个课题、
一本图书的生成过程也让整个集团众多企业、众多专家形成一致的绿色共识，一起迈步一起
向前。

　　回想起来，确实感触良多。感谢崔恺院士精准的方向指引与细心的梳理，让这本导则有
望站上时代的前沿，助力行业的发展。感谢集团修龙董事长、文兵董事长的高度重视，孙英
总裁的大力支持与细心引领，集团科技质量部陈志萍的全力参与与帮助，让导则的理念不断
完善，让如此多的专业专家有序推进，导则顺利出版。感谢集团郁银全大师、李兴钢大师、
汪恒总建筑师、刘东卫总建筑师、樊菲总、陈永总等专家反复的评议与审核，让方向更正
确，成果更准确。感谢一同编写的同仁们，大家在探讨中形成共识，分工合作，虽偶尔也有
不同理解，却能明大义、求大同，在反复地磨合中顺利推进，终有好的成果。

　　过程中与集团外专家的广泛交流也收获不少。这里由衷地感谢新加坡CPG陈绍彦先生，
日本建筑学会会长、CASBEE创始人村上周三先生，绿色建筑的前辈林宪德先生，您们的
分享让我们受益匪浅。过程中也与众多专家们多次交流，从华南理工大学建筑设计研究院倪
阳大师、东南大学韩冬青院长、清华大学张悦书记和宋晔皓教授、天津大学刘丛红教授等众
多专家那里学到了不少新的理念与知识，在这里真心地表达谢意。也感谢清华大学宋修教同
学的鼎立加盟。

　　本书推进过程中有大量的图示和案例分析需要重新绘制，既要精准也要提炼，还要找寻
合适的案例资料，表达精美，实是不易，这里感谢群岛工作室的鼎立支持，整体编排、精心

绘制。感谢副主编徐风的全程策划，带领着制作团队冲锋克难，攻下一个个的小堡垒。感谢提供案例、观点的中国院本土设计研究中心、李兴钢工作室、一合建筑设计研究中心、绿色建筑设计研究院、城镇规划设计研究院、国家住宅工程中心、建筑文化传播中心，集团内标准院、华森公司、中森公司等众多团队同仁。感谢中国建筑工业出版社徐冉副主任与黄习习编辑的出版建议与不辞疲倦的反复编排。

一个阶段的结束又是另一个新的开始，我们的绿色之路还有很长要走，后续还有很多要做，如信息化查询平台的建设，优秀项目案例的再收集，评估体系的不断完善、项目实践的有益尝试等，这将是一个开放体系，一个大家共同参与的平台，也希望与行业专家们广泛地交流，导则的内容能不断地更新与补充。

愿这本书今后的应用与拓展能够汇众人之力，博众家所长，为环境助力，伴行业发展！

刘恒

2020年12月于北京

《绿色建筑设计导则》编写组致谢专家名单

李兴钢　　郁银泉　汪　恒　刘东卫　樊　绯　陈　永　陈绍彦

村上周三　林宪德　倪　阳　韩冬青　张　悦　宋晔皓　刘丛红

李　宏　　郝　军　刘　鹏　孙金颖　徐　磊　于海为　柴培根

吴朝晖　　景　泉　郭海鞍　娄　霓　郑旭航　李　季　赵文斌

张　伟　　练贤荣　徐　丹　许文潇　贾宗梁　路　璐　王洪涛

孙朴诚　　姚比正　黄伟伟　陈　媛　许　强　董俐言　张　鹏

陈玲玲　　刁玉红　贺成浩　朱　敏　闫　伟　廖　璇　秦　蕾

辛梦瑶　　黄晓飞　李　骜　龚一丹　洪蕴璐　宫　庆

项目 中国建筑设计研究院创新科研示范中心　　摄影 张广源

审图号：GS（2021）2211号

图书在版编目（CIP）数据

绿色建筑设计导则 = GREEN ARCHITECTURE DESIGN
GUIDELINES. 建筑专业 / 中国建设科技集团编著；崔愷，
刘恒主编. 一北京：中国建筑工业出版社，2021.1（2022.8 重印）
（新时代高质量发展绿色城乡建设技术丛书）
ISBN 978-7-112-25446-0

Ⅰ.①绿… Ⅱ.①中…②崔…③刘… Ⅲ.①生态建
筑-建筑设计 Ⅳ.①TU2

中国版本图书馆CIP数据核字（2020）第175201号

责任编辑：徐　冉
文字编辑：黄习习
特约编辑：群岛 ARCHIPELAGO
平面设计：黄晓飞
插图概念：黄剑钊　陈丽爽　廖　璇　闫　伟
插图绘制：李　骜　龚一丹　宫　庆　洪蕴璐
责任校对：姜小莲

新时代高质量发展绿色城乡建设技术丛书
绿色建筑设计导则
GREEN ARCHITECTURE DESIGN GUIDELINES
建筑专业
中国建设科技集团　编著
崔　愷　刘　恒　主编

*
中国建筑工业出版社出版、发行（北京海淀三里河路9号）
各地新华书店、建筑书店经销
北京锋尚制版有限公司制版
天津图文方嘉印刷有限公司印刷
*
开本：787毫米×1092毫米　1/16　印张：14¼　字数：333千字
2021年5月第一版　　2022年8月第四次印刷
定价：99.00元
ISBN 978-7-112-25446-0
（36433）